7号人神奇迷你黏土书

飘香甜品屋

张小瑜
狐渣渣　　著
Miss.Ying莹

机械工业出版社
CHINA MACHINE PRESS

这是一把打开微缩世界大门的钥匙，带你进入可爱的迷你黏土王国。这个飘香甜品屋中有硬币大小的甜甜圈，红豆大小的马卡龙，电脑Home键大小的冰激凌等。所有的黏土形象均为7号人工作室的专业黏土大咖所创，可爱有趣、形象逼真、富有创意，让你爱不释手。从黏土工具和材料的介绍，到配以彩图的具体步骤，让你快速掌握制作迷你黏土作品的手法和技法，短时间内成为黏土达人，创造出属于自己的各种甜品，体验创作的快乐，在迷你黏土世界中玩转指尖甜品。

图书在版编目（CIP）数据

7号人神奇迷你黏土书：飘香甜品屋 / 张小瑜，狐渣渣，Miss.Ying莹著. — 北京：机械工业出版社，2018.4

ISBN 978-7-111-59448-2

Ⅰ. ①7… Ⅱ. ①张… ②狐… ③M… Ⅲ. ①粘土 – 手工艺品 – 制作 Ⅳ. ①TS973.5

中国版本图书馆CIP数据核字（2018）第052108号

机械工业出版社（北京市百万庄大街22号 邮政编码100037）
策划编辑：谢欣新　　责任编辑：刘春晨
封面设计：吕凤英　　责任校对：张　征
责任印制：李　昂
北京瑞禾彩色印刷有限公司印刷

2018年6月第1版 · 第1次印刷
185mm × 250mm · 6.75印张 · 110千字
标准书号：ISBN 978-7-111-59448-2
定价：39.80元

凡购本书，如有缺页、倒页、脱页，由本社发行部调换

电话服务	网络服务
服务咨询热线：010－88361066	机 工 官 网：www.cmpbook.com
读者购书热线：010－68326294	机 工 官 博：weibo.com/cmp1952
010－88379203	金 书 网：www.golden-book.com
封面无防伪标均为盗版	教育服务网：www.cmpedu.com

序

黏土是平凡的，又是神奇的，它的命运完全掌握在拥有者手中。是的，这个拥有者便是你。黏土在角落里落满灰尘，或者是变成大放异彩的艺术品，全由你来决定。如果你想体会创作的快乐，可以试试带上你的黏土一起进入迷你世界。这里有硬币大小的蛋糕、红豆大小的土豆、电脑Home键大小的洋葱以及可以在手掌上摆开的生日宴席等。

《7号人神奇迷你黏土书：飘香甜品屋》《7号人神奇迷你黏土书：环球美食汇》和《7号人神奇迷你黏土书：美味果蔬店》这系列图书就是一把打开微缩世界的钥匙，大家可以通过这把钥匙开启一个迷你黏土王国的大门，而你也将成为这里的国王。无论是食玩制作的爱好者，还是娃屋的主人们，都可以经过本书的学习，很快掌握手法和技法，短时间内成为黏土达人，创造出属于自己的各类水果、蔬菜、糕点、器皿，让自己的生活丰富多彩，畅游在黏土艺术的世界中。

虽然我也曾做过很多的微缩作品，但这系列图书还是为大家请来了更专业的黏土大咖编写 —— 三位实力网红美少女：莹、渣渣和小瑜。她们不光手艺精湛，作品栩栩如生，而且热情、有一颗热爱生活的心。这一切不光为她们赢得了数以百万计的粉丝，更重要的是让她们的灵感源源不断。在这系列图书中三位老师也会将自己的黏土制作经验倾囊相授，其中还包括很多的独家秘籍呦。通过对本系列图书的学习，读者可以在最短的时间内从零基础的新手成长为迷你黏土达人。真诚希望我们精心策划和编写的教程能让大家有所收获，并让大家在迷你黏土世界中玩得开心。

7号人

目 录

Contents

经典甜品

甜甜腻腻

迷倒众人

沁心可口

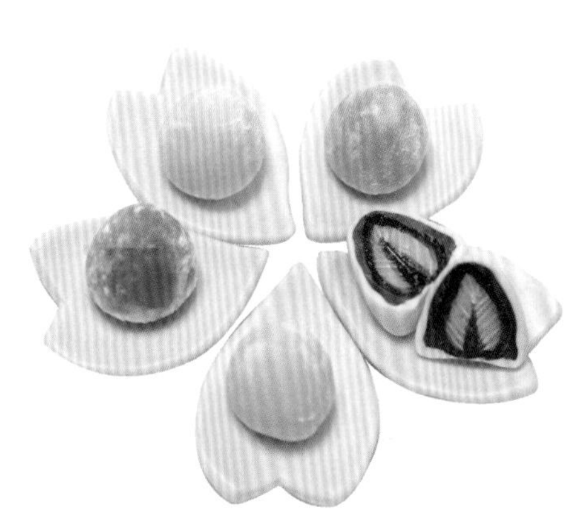

作者介绍

Author Introduction

张小瑜

美拍ID: 11092176

做手工是一件非常神奇的事情，我享受每一次手工带给我的乐趣。由最初的感兴趣到现在的热爱，这个过程并没有花费很久的时间。最早接触超轻黏土是因为礼物，亲手做的礼物是最有心意的。在做礼物的过程中发现了黏土的可塑性，并且深陷其中，每一次完成一件作品都自豪无比。从不断提高自己再到挑战软陶等更需要技术的手工，从来没有觉得想要放弃它。如今可以给大家提供简单的教程教学，这是非常值得做，也是我乐意做的事情。希望把我的这份手工力量传递给大家，通过观察、模仿、制作来培养并锻炼脑、眼、手等多方面的能力，让更多的大人、孩子体会到做手工的乐趣。

狐渣渣

美拍ID: 23031795

大家好，我是狐渣渣，三个名字中最不正经的一个，起这个名字算是一种自谦和自嘲吧。小时候我的愿望是能用艺术影响更多的人，虽然人生走向有点跑偏，但结果还是好的，我想艺术有着海纳百川的包容性和延展性，黏土创作也是艺术！2015年9月正式步入“手工生涯”，黏土这种有着强烈表现性和能够满足你天马行空想象力的小玩意儿立刻成了我生活的核心。期间还会将自己非专业的黏土教程视频发在社交网站上，在结交志同道合小伙伴的同时出乎意料地得到了大朋友和小朋友的一致好评，最终完成了自我的成长与救赎，由一个叛逆固执、不切实际的大龄儿童变成了父母口中的别人家的孩子，也变成了一个有正经事儿做的正经人儿。我想对正在看这本书的你说，除了决心和坚持，兴趣才是最好的老师，如果你爱着什么，想做什么，不要再犹豫了，不妨放手去做吧。你可曾幻想拥有一个小人国的世界，就像置身于爱丽丝梦游仙境一般？这本黏土教程就是一把开启微缩世界的钥匙。这可跟小时候的“过家家”不一样，每一个看上去垂涎欲滴的美食都是亲手完成的，有一种上帝视角的成就感和奇妙感，这种感觉很难用语言形容，只有你试了才知道。

Miss.Ying莹

美拍ID:32331153

大多数人小时候一定都幻想过，如果有一天可以住进小人国，那该是多么奇幻美妙的旅行啊。

开始做微缩，对我自己来说也是一个意外。大概是看过宫崎骏的那部《借物小人阿莉埃蒂》后，心中就种下一颗小小的种子，迷恋上了动画电影里的小小世界。终于有一天，我开始动手制作了。那是在2016年的4月，我在某个网站上突然看到有关微缩袖珍的图片，才知道原来有各种材料可以把微缩做到如此逼真的地步，于是立刻买了材料开始动手学习，想把整个动画里的迷你小世界都做出来。那种想把所有现实中的物品都微缩到掌心里的感觉很奇妙，我好像变成了巨人，我确信我找到了人生中最喜爱的事情。起初并没有太多的工具，靠的就是双手和家里任何可以使用上的小工具，多观察生活中的物品细节，按照自己的方法努力做到仿真的样子。其实微缩世界没有其唯一的打开方式，你想让它变成什么样子，它就可以是什么样子，任何问题在日常生活里都可以找得到答案。

打开这本书，开始一段奇妙的小人国之旅，希望我的作品可以带你们找回童年里小小的温暖和感动。

图 书 策 划 —— 7号人黏土工作室

7号人　图书整体策划

原名：刘然　人气卡通黏土艺术家，黏土瑜伽减压理念创始人，从2000年开始卡通黏土艺术创作，是众多黏土热门书籍的作者。

新浪微博：7号人的黏土世界

微信公众号：土气

爱奇艺专栏：小小雕塑家黏土创意课

多次参加央视《智慧树》节目，并在湖南卫视《快乐大本营》、北京卫视《财富故事》、湖北卫视《我爱我的祖国》等节目中展示黏土技艺。出席线下黏土培训及互动活动数百场。服务品牌包括新浪，京东，滴滴，小米，大众点评网，小羊肖恩，StarQ快乐星猫等。

糖果猴　图书设计指导

原名：辛玲　资深黏土造型设计师，7号人工作室艺术设计总监。热爱动漫并从事该行业多年，负责7号人工作室出版及培训事宜。

黏土及工具

Clay & Tools

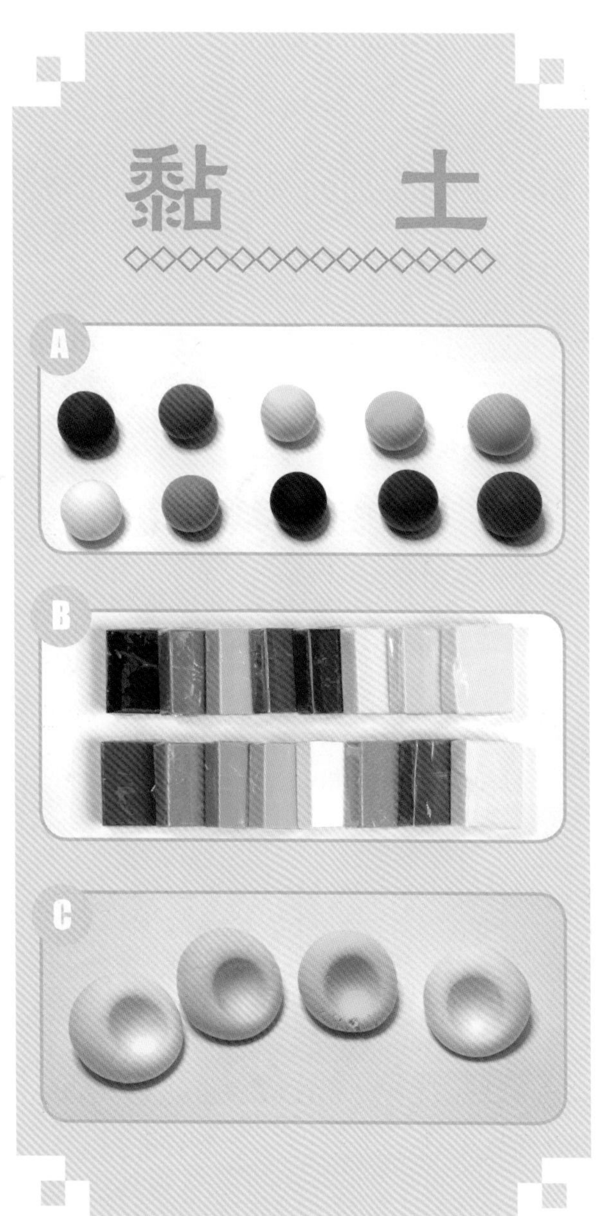

超轻黏土：价格实惠，具有较好的普及性和较高的性价比，购买方便，颜色艳丽、可爱轻软、可自然风干，适合小朋友使用，是非常环保的手工材料，缺点是体积大易膨胀。

软陶：又称塑泥，塑形非常好，较硬，需高温加热定型，外形很像橡皮泥，但烘烤之后保存时间长久。建议在阴凉处存放。

纸黏土：主要原料为纸纤维，所以称它为纸黏土，柔软性好，没有韧性，易切开，可自然风干，适用于制作蛋糕甜点类。也可用于手脚印泥记录成长。

工具

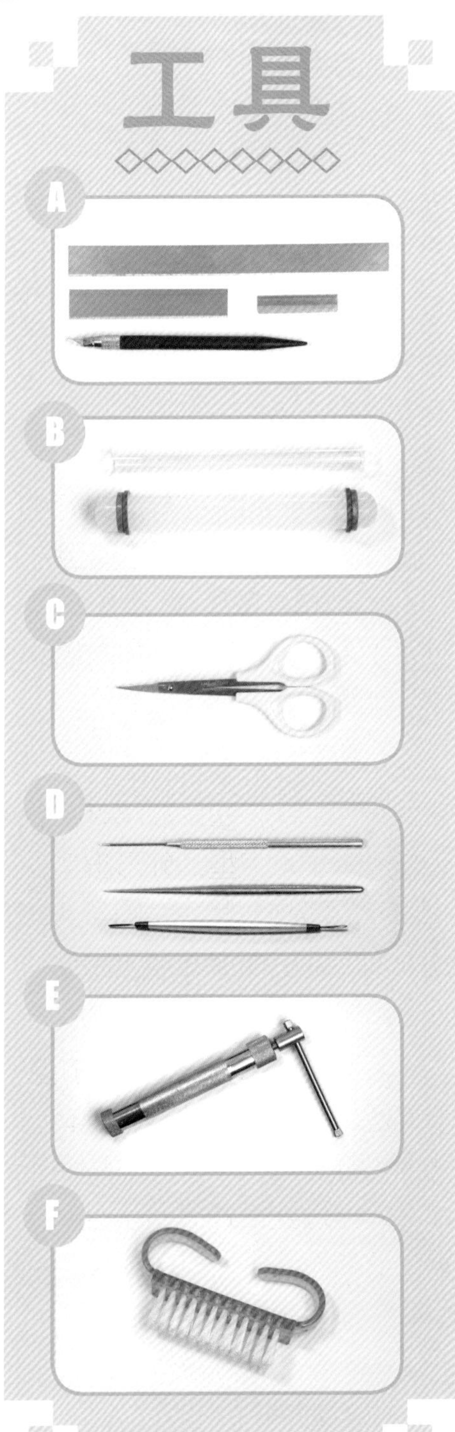

切割工具：各种刀片，长短需求不一，笔刀可刻画细节部分。

擀棒：用于擀制黏土，统一厚度。

剪刀：头部尖，可剪出细小部位。建议准备两把大小不一的剪刀备用。

细节针：主要用于细微作品部分，可用牙签代替。另一端粗头可压出大纹路。

压泥器：可将软陶或黏土挤出同样粗细的条状。如没有可用手慢慢揉搓均匀。

羊角刷：用于在材料制作成型后做出纹理效果。如草地、雪地、蛋糕、冰激凌等。

辅 助 材 料

Auxiliary material

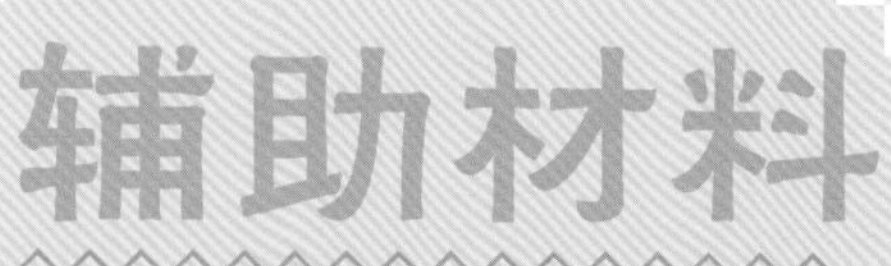

A

仿真果酱：用于装饰制作甜点类物品，黏稠液体，高度还原各种口味酱汁。仿真果酱也可以利用AB滴胶加入颜色做出。

B

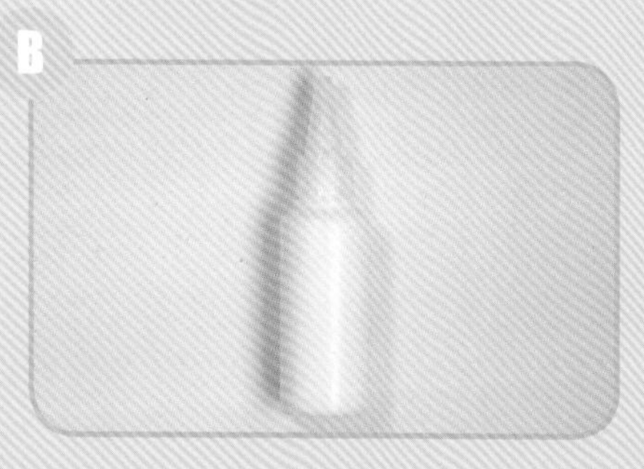

液体软陶：代替软陶泥达到液态的效果。用于填补软陶做不出的地方，同样需要烘烤加热定型，也可转印。

C

仿真奶油：用于蛋糕等甜点、食品模型上的制作。使用方便，凝固速度快，效果逼真。

烧烤色盘：给食玩上色的固体粉，有三种颜色，模仿食物经过烤制后的颜色，使用方便。

AB滴胶：有硬性与软性之分，按3:1质量比混合凝固，自然风干后透明度高，有光泽，可用于制作水面、汤汁等。

爽身粉：本身有止汗功效，在手工中能够降低软陶之间的黏度，制作出哑光的效果。

液态树脂：可用于调制酱汁，加水稀释使用。

经典甜品
Classic Sweets

布丁

Pudding

BY：张小瑜

布丁

Pudding

需要准备的黏土及工具

黏土：浅黄色、棕色、白色超轻黏土
工具：压板、细节针、丸棒、亮油

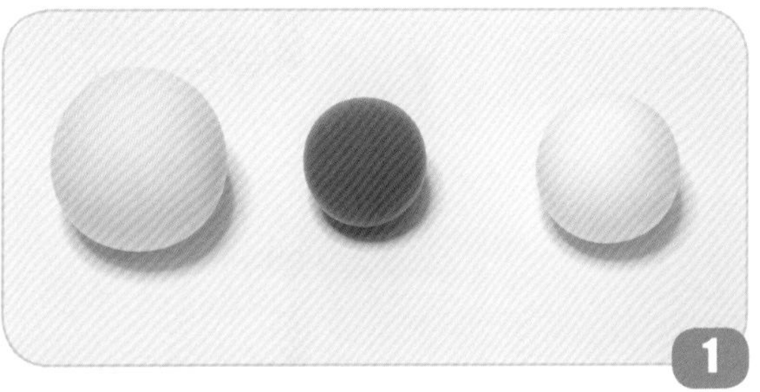

浅黄色、棕色、白色超轻黏土备用。

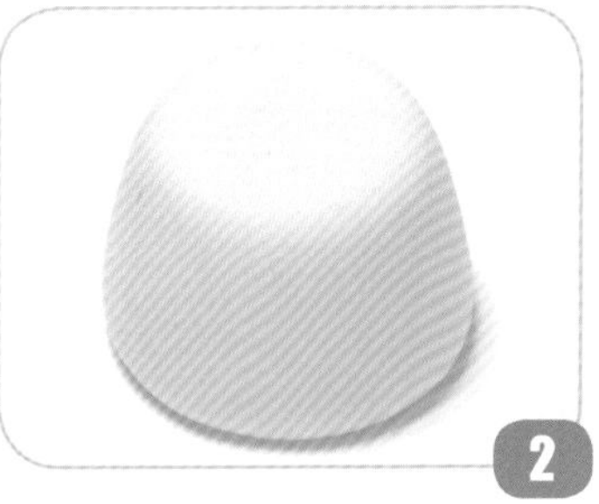

将浅黄色黏土用压板揉成梯形柱状。

用细节针在圆柱周围压痕。

将棕色黏土搓圆压扁。

细节针压痕的位置要与布丁的压痕位置一致。

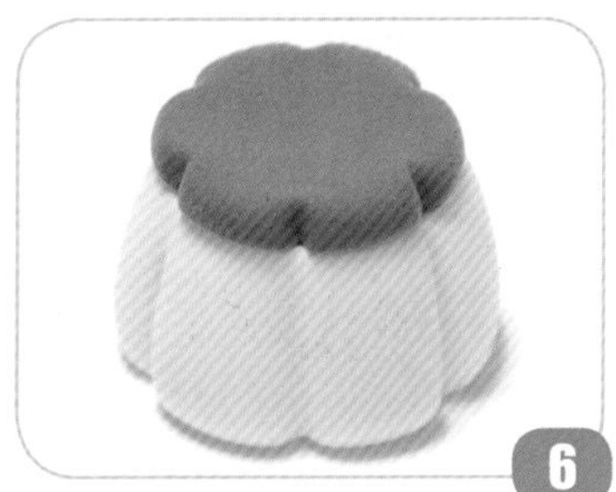

将两个部分组合调整，做成布丁。

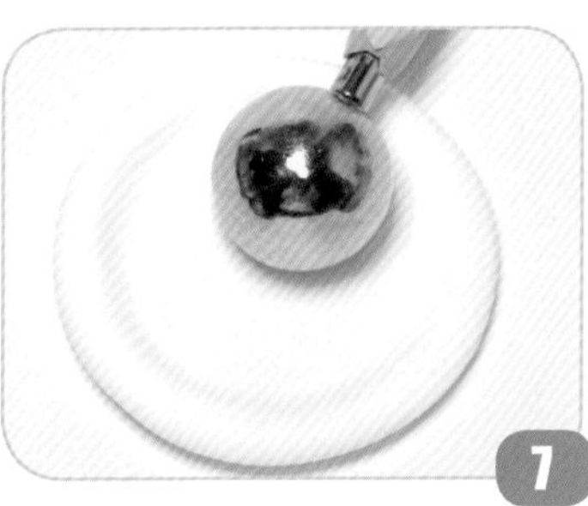

将白色黏土搓圆压扁，用丸棒做成盘子。

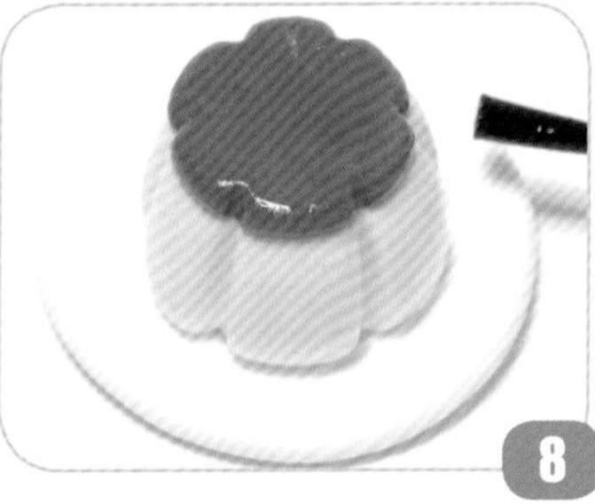

黏合并涂上亮油，布丁完成。

芝士蛋糕

Cheese Cake

BY：Miss.Ying莹

芝土蛋糕

Cheese Cake

需要准备的黏土及工具

黏土：浅黄色、咖啡色、白色纸黏土
工具：色粉（土黄色、赭石色、咖啡色 ）、圆形切模、刷子、笔刷、刀片、细节针、圆形瓶盖、亮油

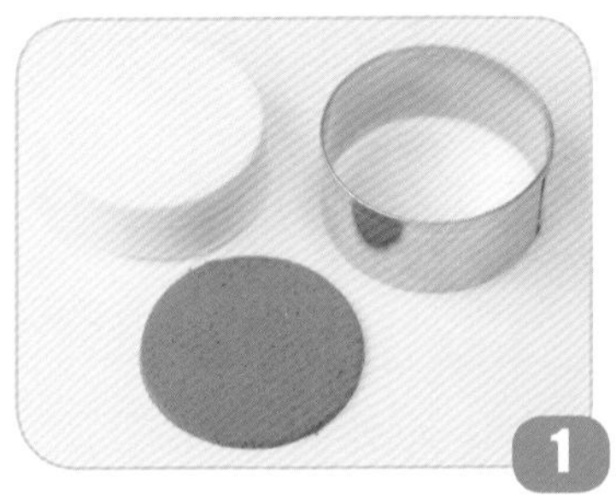

1 如图所示，将浅黄色纸黏土和咖啡色纸黏土擀平后切成一厚一薄两个圆。

2 将两个圆重叠后用刷子刷出整个蛋糕的纹理。

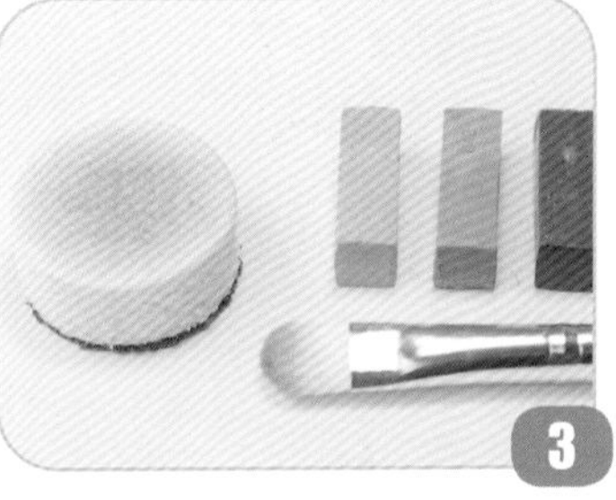

3 如图所示，从浅到深给蛋糕表面上色。

4 用刀片切出一块三角蛋糕。

5 用细节针挑出切面的纹理。

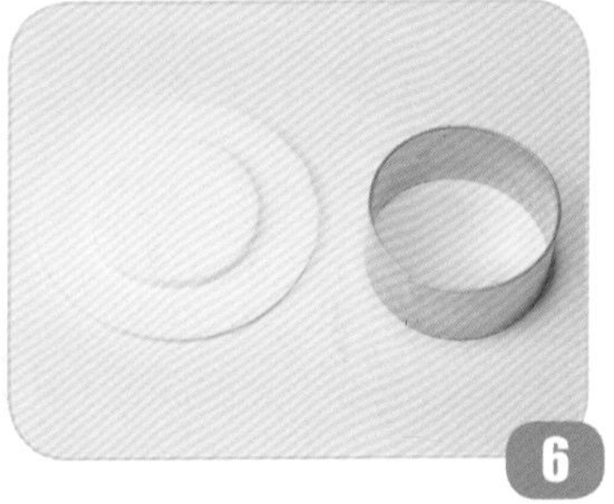

6 制作盘子：将白色纸黏土擀平，切大小两个圆，将其重叠。

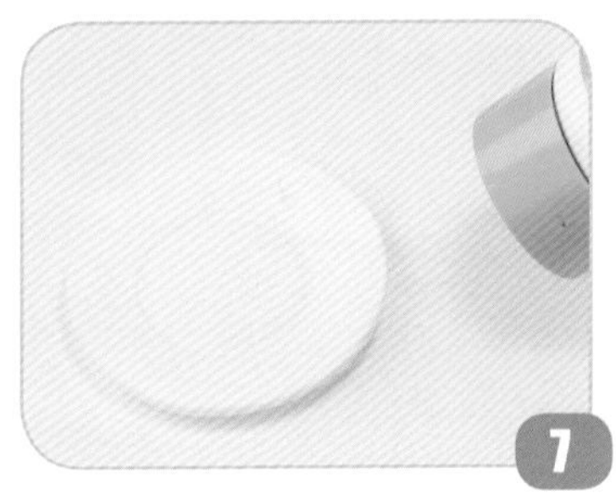

7 翻过来用大小适合的圆形瓶盖按压出一个圆形。

8 用亮油把盘子和蛋糕表面刷上一层亮油。

9 制作完成。

班戟
Pancake

BY：张小瑜

班戟

Pancake

需要准备的黏土及工具

黏土：黄色、浅绿色、浅黄色、紫色、绿色超轻黏土；白色纸黏土；奶油土；树脂土
工具：丙烯颜料（橘色、黄色）、刀片、擀棒、七本针、纸杯

芒果班戟的制作

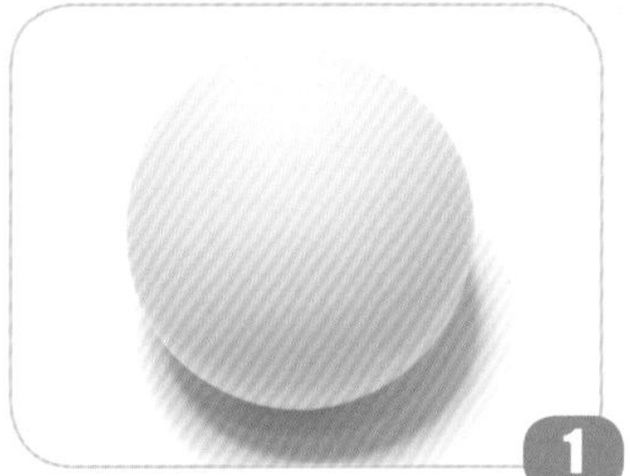

1 将黄色黏土搓圆。

2 用擀棒擀成薄片。

3 准备白色奶油土。

4 将树脂土调成橘色。

5 待十分钟左右切成小粒，完成芒果粒。

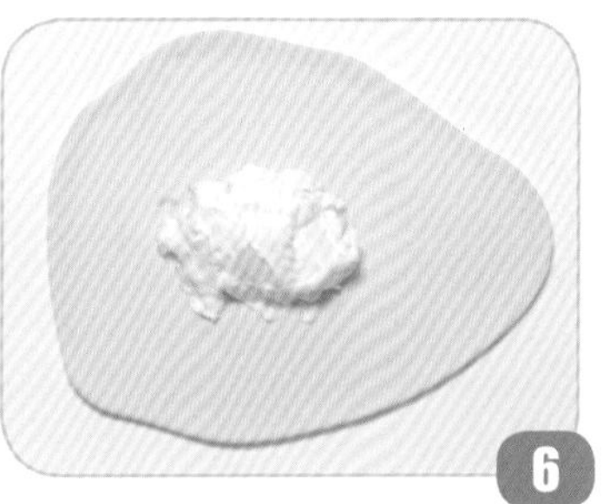

6 将适量奶油土放在黄色薄片上。

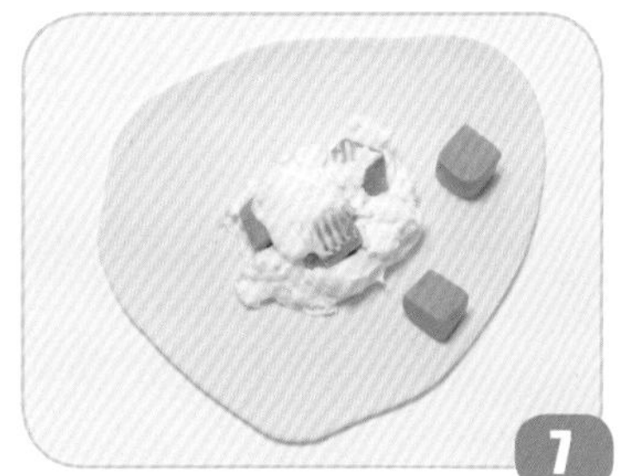

7 把芒果粒放在奶油土上。

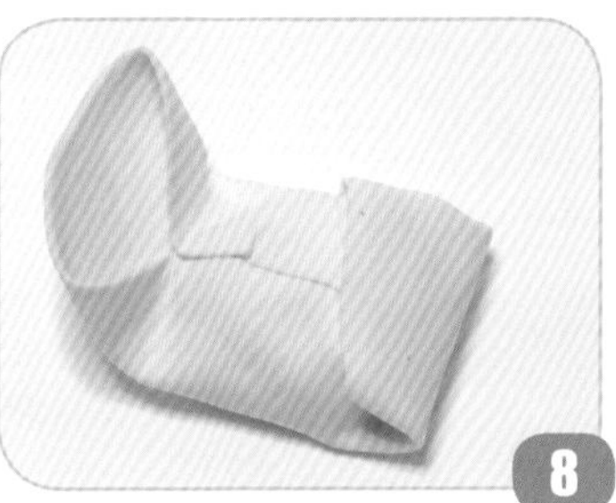

8 包起来完成芒果班戟。

9 切开。

叶子的制作

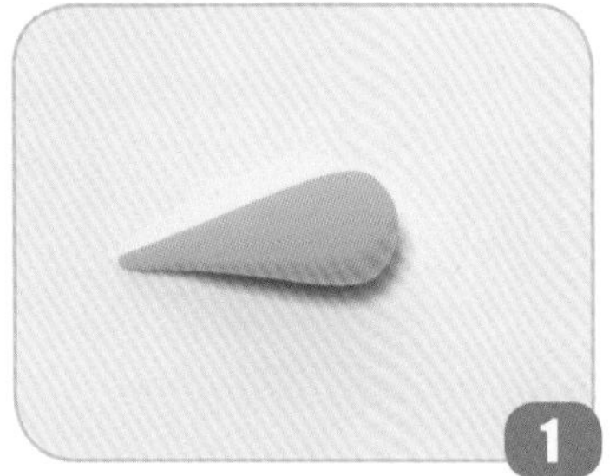

将绿色黏土搓成水滴形。

压扁，并压出纹理做成叶子。

将叶子装饰在班戟上。

香蕉班戟的制作

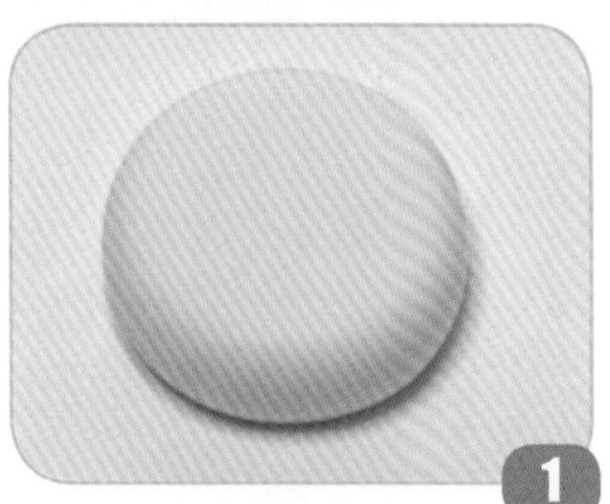

将浅黄色黏土搓圆压扁。

如图所示，在周围上色。

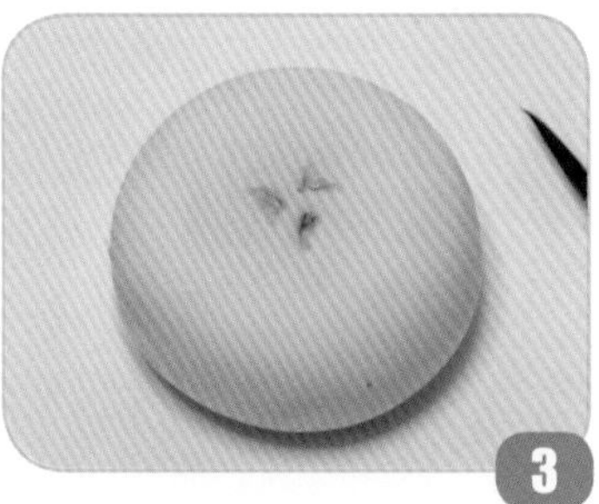

如图在中间上色，完成香蕉片。

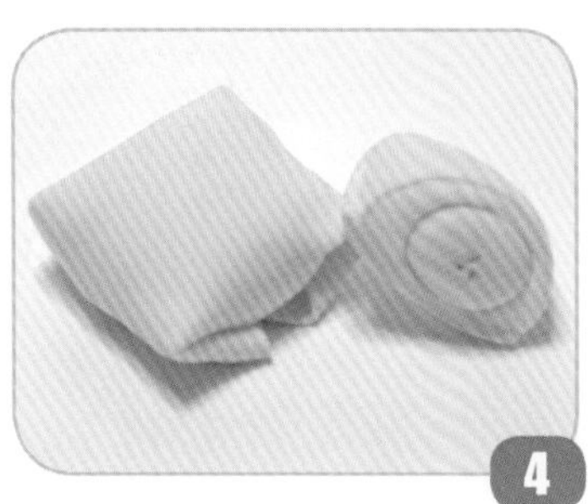

按照芒果班戟的制作方法，完成香蕉班戟的制作。

榴莲班戟的制作

将浅绿色黏土擀成薄片。

调制浅黄色奶油土。

3 先放一层白色奶油土，再放一层浅黄色奶油土。

4 包起来，完成榴莲班戟。

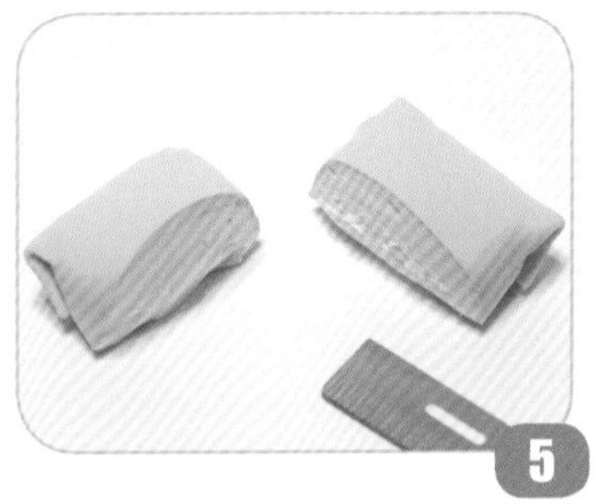

5 切成两半。

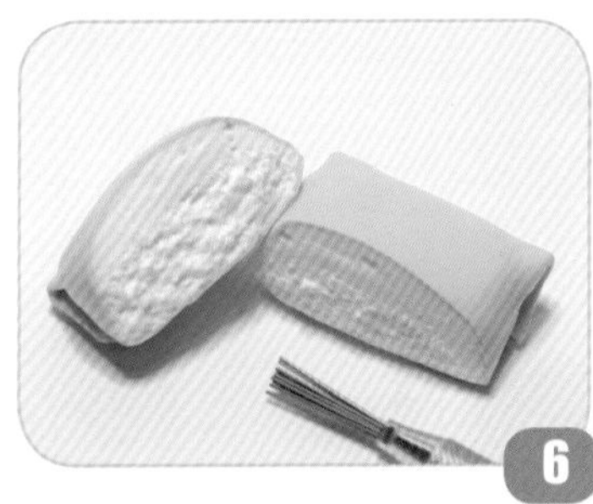

6 用七本针在浅黄色奶油土处戳出纹理。

7 榴莲班戟制作完成。

紫薯班戟的制作

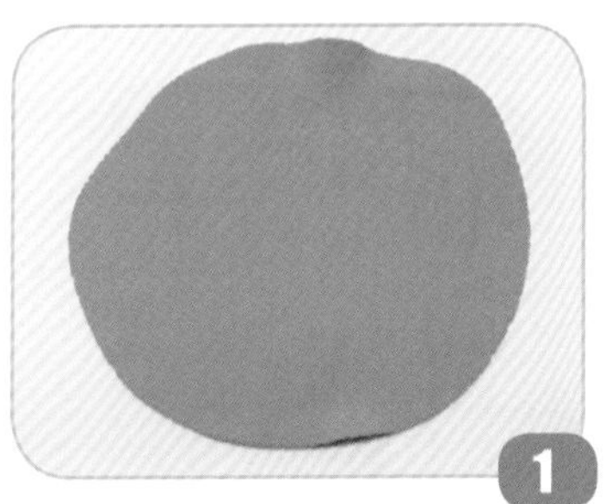

1 将浅紫色黏土擀成薄片。

2 依次放上白色奶油土和紫色奶油土。

3 包起来切成两半，完成紫薯班戟。

4 如图所示，从浅到深给蛋糕表面上色。

鸡蛋仔

Eggette

BY：狐渣渣

鸡蛋仔 Eggette

需要准备的黏土及工具

黏土：白色、黄色、浅黄色超轻黏土
工具：色粉/水彩（黄色、赭石色、棕色）、亚克力压板、丸棒、护手霜、小刷子/小号毛笔、细节剪、食玩碗和叉子（可自制）

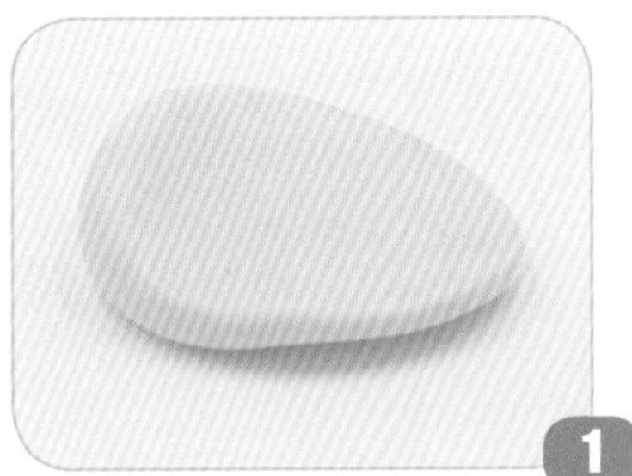

1 取适量浅黄色超轻黏土。

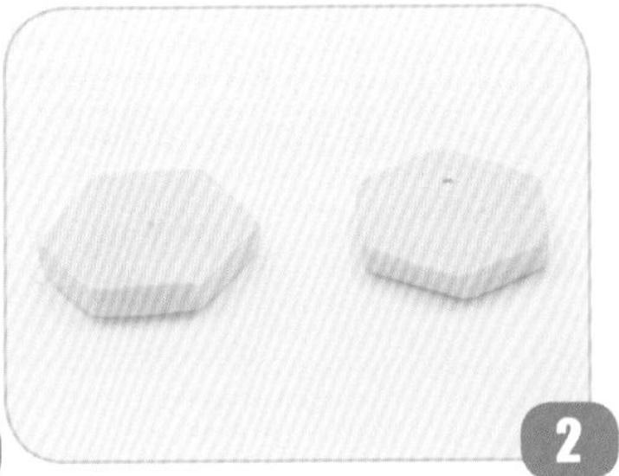

2 切成两个相同大小、相同厚度的六边形。

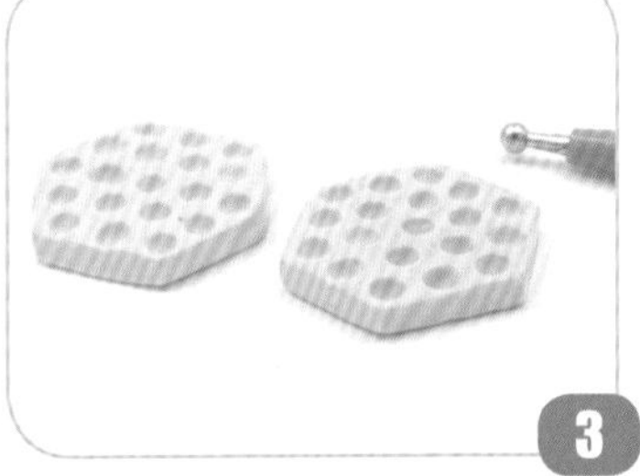

3 用丸棒压出规律的圆形凹槽，烤干备用。

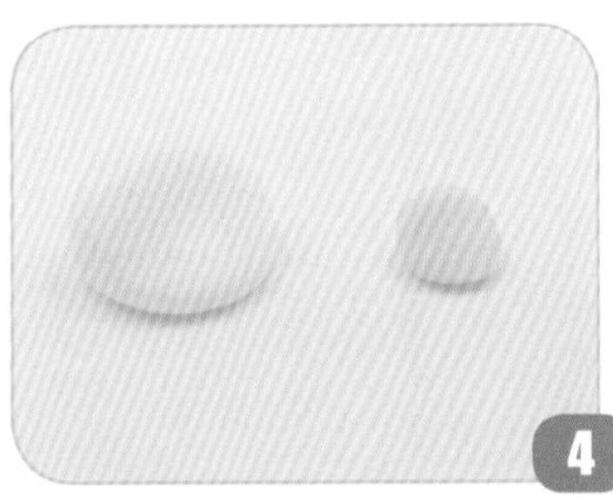

4 取适量白色和黄色超轻黏土，用丸棒压出规律的圆形凹槽，烤干备用。

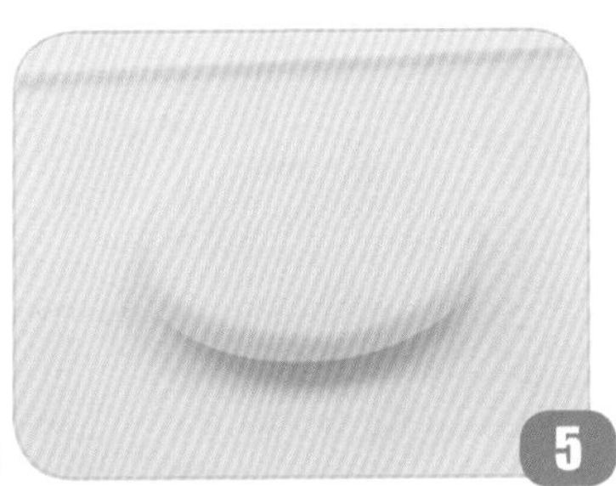

5 充分混合后压成一个厚饼状。

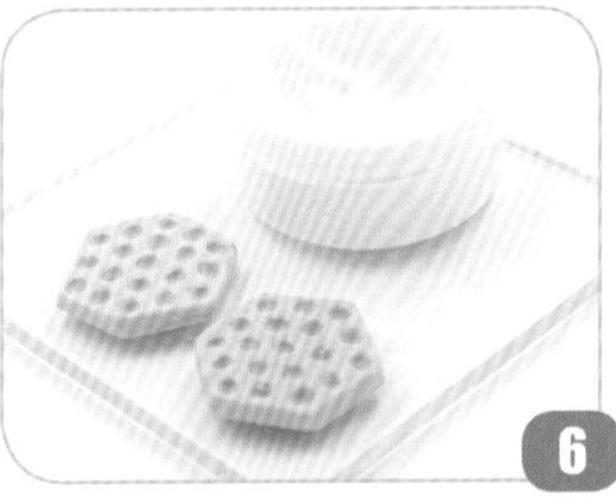

6 在自制模具内涂满护手霜以便于脱模。

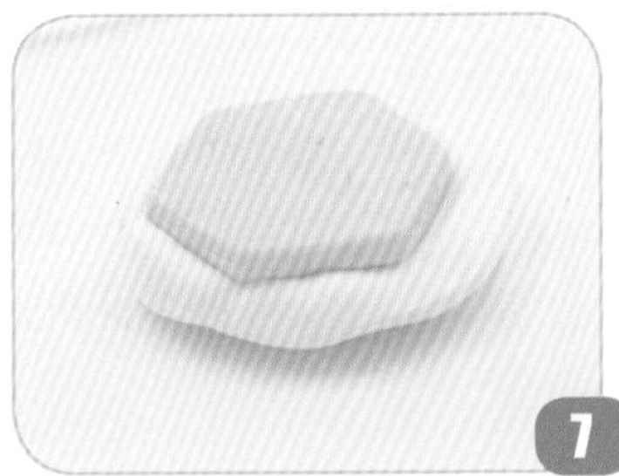

7 用模具双面挤压厚饼状的超轻黏土。

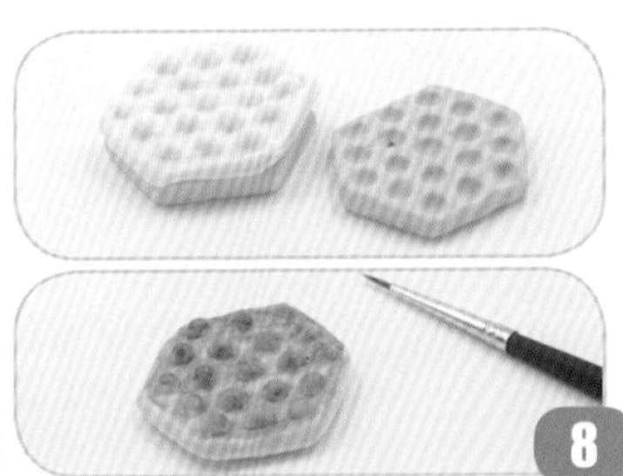

8 小心打开后修其边缘。

9 局部上色后装盘完成（也可加上适量装饰）。

月饼

Moon Cake

BY：张小瑜

月饼
Moon Cake

需要准备的黏土及工具

黏土：橘黄色、土黄色、豆沙色、白色、透明白色、肉色软陶
工具：色粉（土黄色、棕色）、丙烯颜料（红色）、细节针、圆刀、压板、细节笔、刷子、爽身粉、仿真盘子

广式月饼的制作

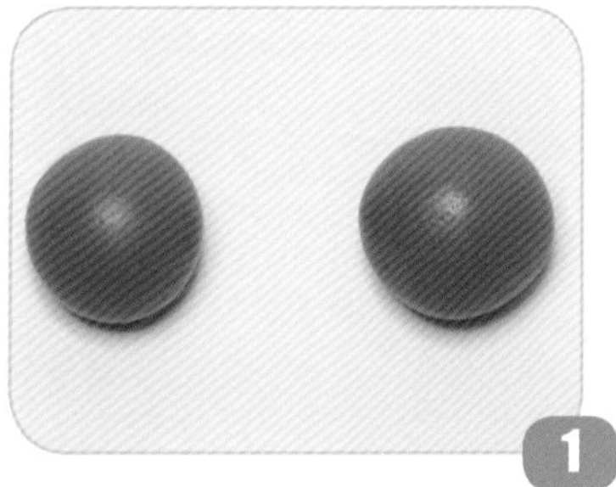

1 将橘黄色软陶搓圆，用热风枪吹干表面。

2 将土黄色软陶擀成薄片。

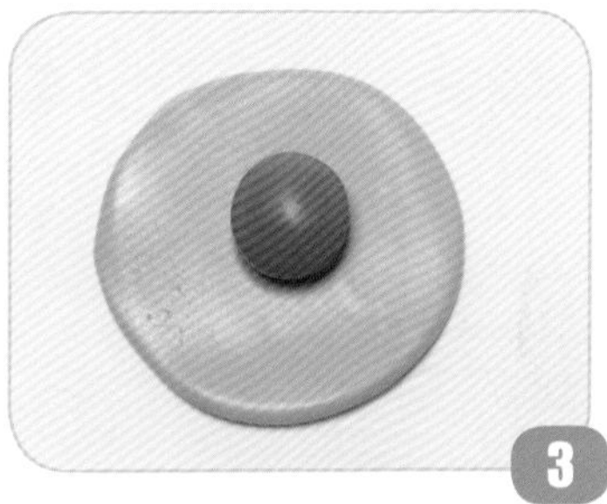

3 用步骤2的薄片包住步骤1的圆形软陶。

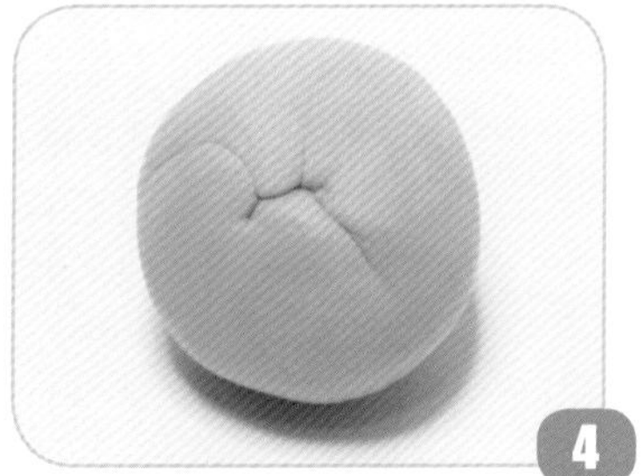

4 捏合，完成内馅。

5 将豆沙色软陶擀成薄片。

6 用步骤5的薄片包住步骤1的圆形软陶。

7 将浅黄色软陶擀成薄片。

8 将两个包裹内馅的软陶全部捏成正方形备用。

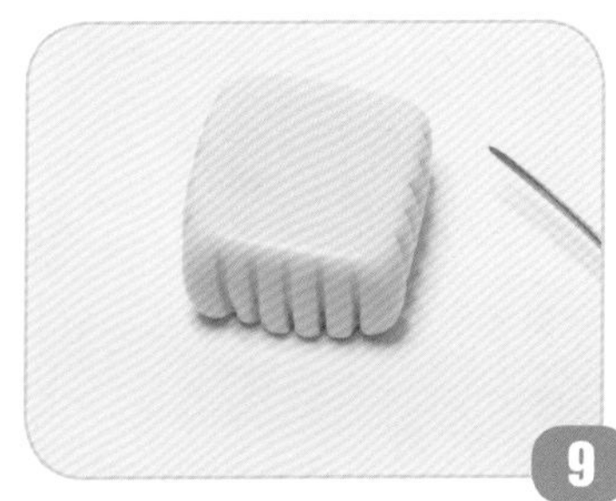

9 用细节针在侧方四周压出竖纹，调整形状。

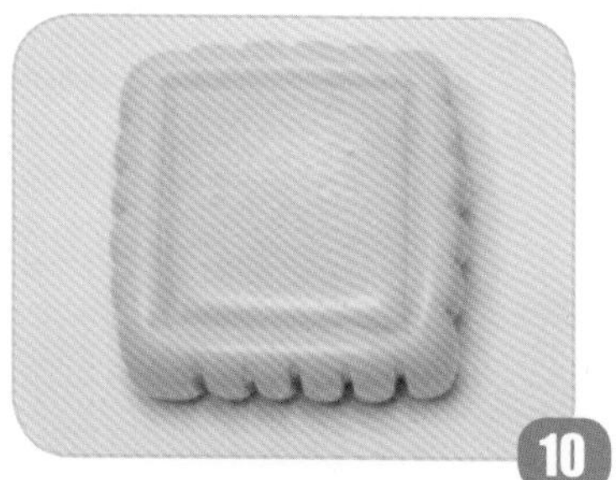
10 用细节针在月饼周围压痕。

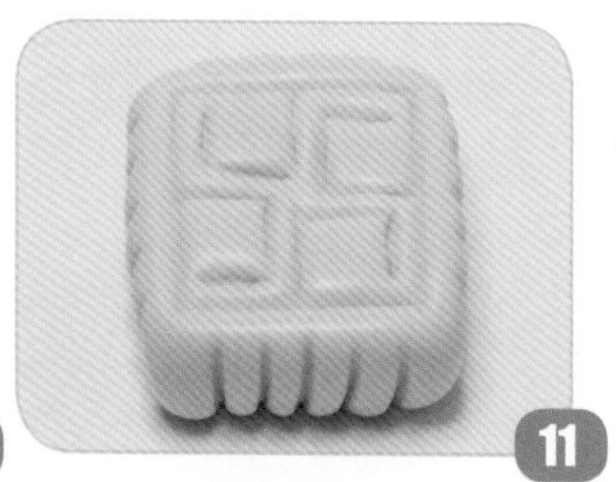
11 用圆刀在表面压出方块。

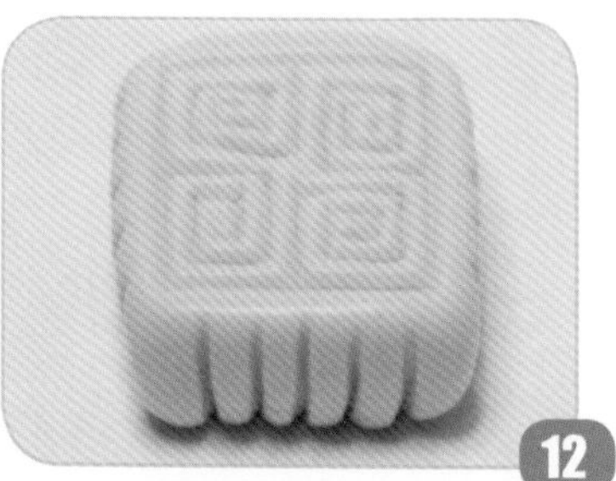
12 在中间压出月饼花纹，完成花纹部分。

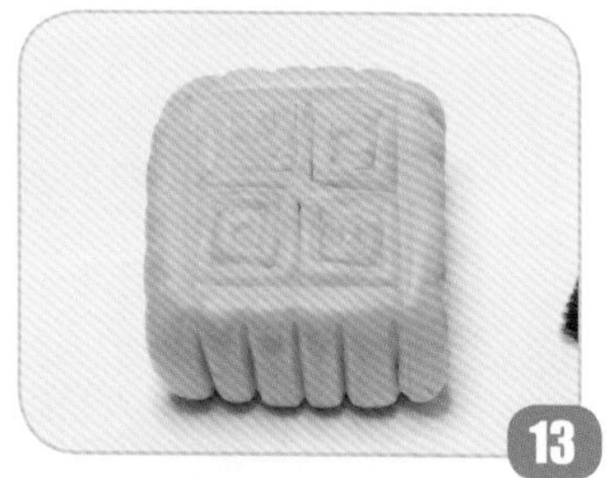
13 用土黄色色粉在月饼表面上色。

14 用棕色色粉加深凸出的部位。

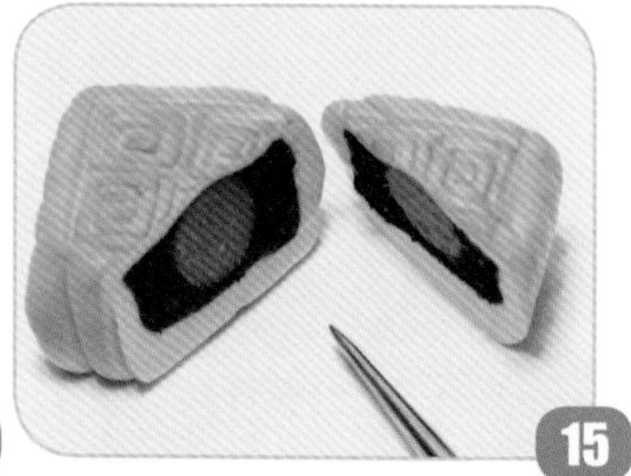
15 切开月饼，用细节针划出内馅纹理。

冰皮月饼的制作

1 白色软陶＋透明白色软陶以2:1的比例混合，搓成圆形。

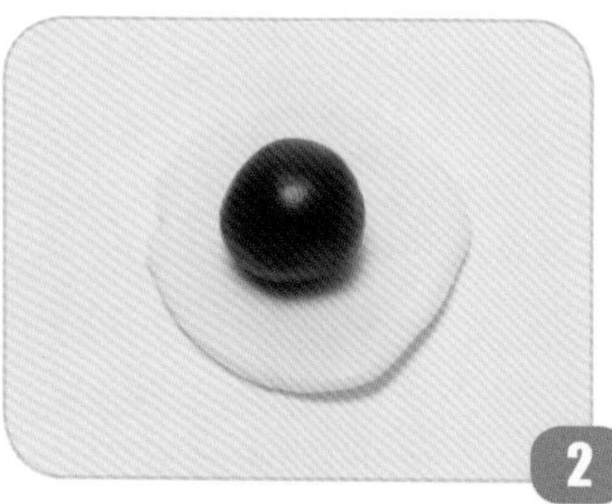
2 用擀棒擀成薄片，放入圆形豆沙馅。

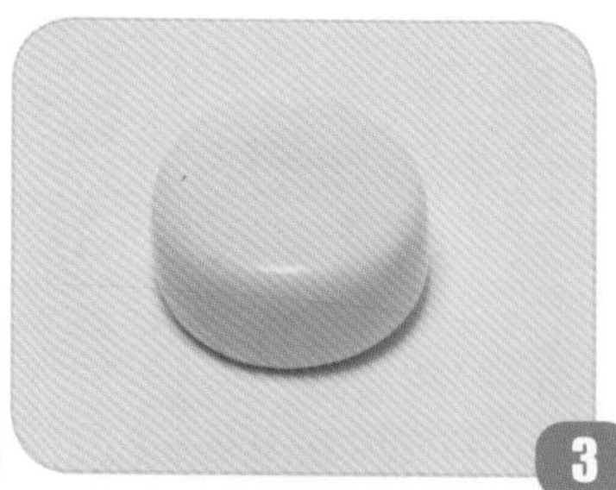
3 包好后压成扁圆柱状。

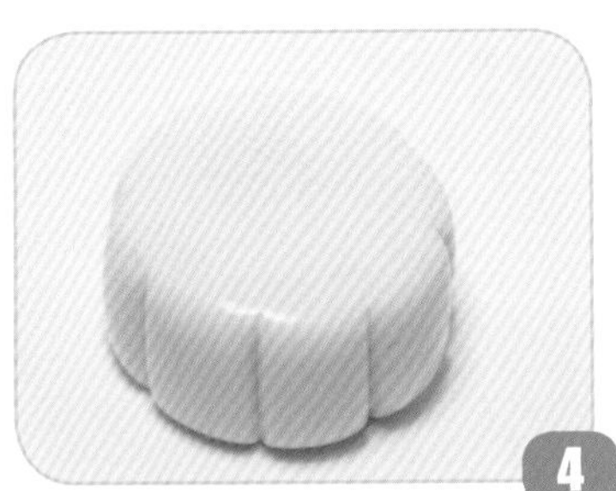

4 用圆刀在边缘压痕。

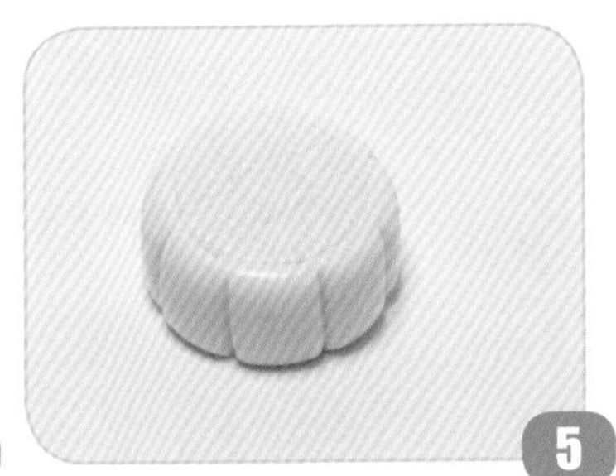

5 在上表面压出月饼花纹。

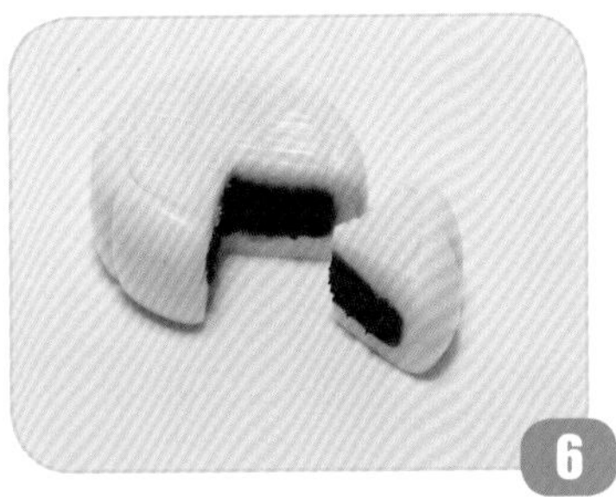

6 将月饼切开，并用细节针划出内馅纹理。

苏式月饼的制作

1 将肉色软陶擀成薄片，包住豆沙馅。

2 在表面刷一层爽身粉重复包裹5层（爽身粉可防止软陶黏合）。

3 包好后在表面刷土黄色色粉。

4 用细节笔蘸红色丙烯颜料画出月饼图案。

5 切开，完成月饼的制作。

水果
丹麦
Fruit Danish
BY：张小瑜

水果丹麦
Fruit Danish

需要准备的黏土及工具

黏土：土黄色、黑色、绿色超轻黏土；透明白色树脂黏土
工具：丙烯颜料（黄色、绿色）、色粉（土黄色、棕色）、刀片、笔刀、丸棒、笔刷、亮油、圆刀、细节针、镊子

面皮的制作

1 将土黄色黏土搓圆。

2 压扁擀平整。

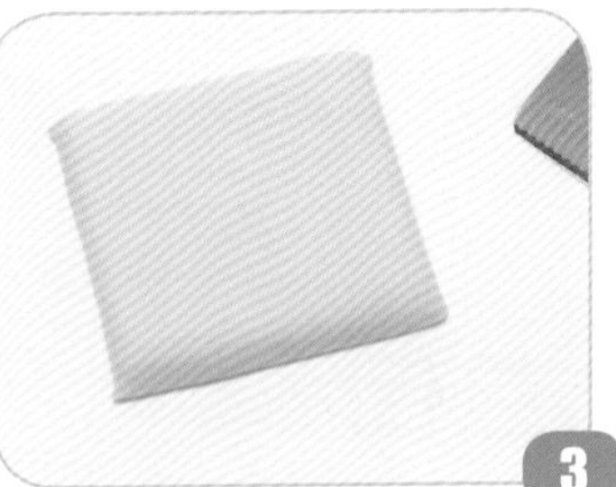
3 用刀片切成正方形。

4 切开两个对角。

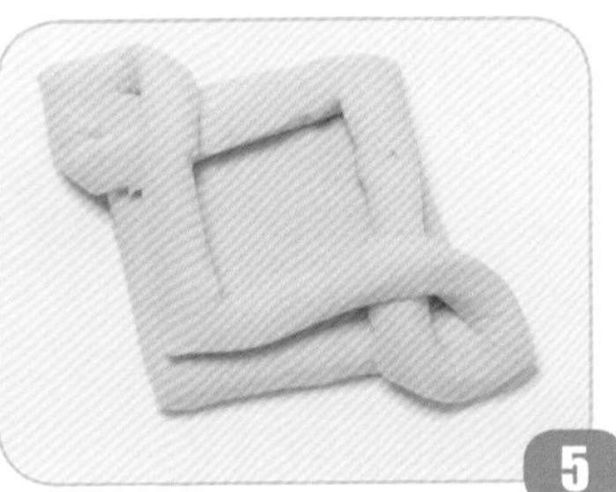
5 交叉粘贴。

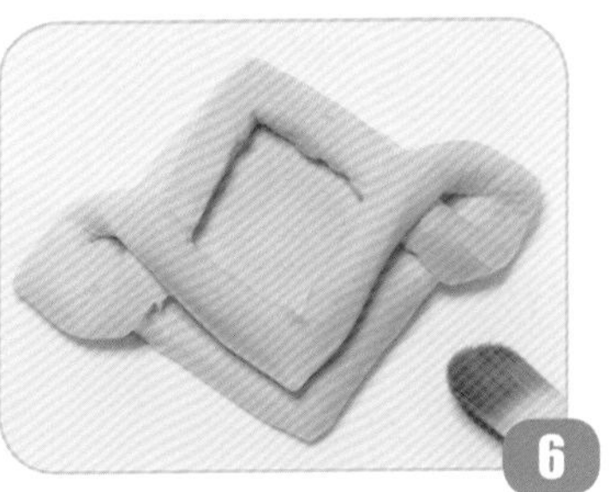
6 用土黄色色粉上色。

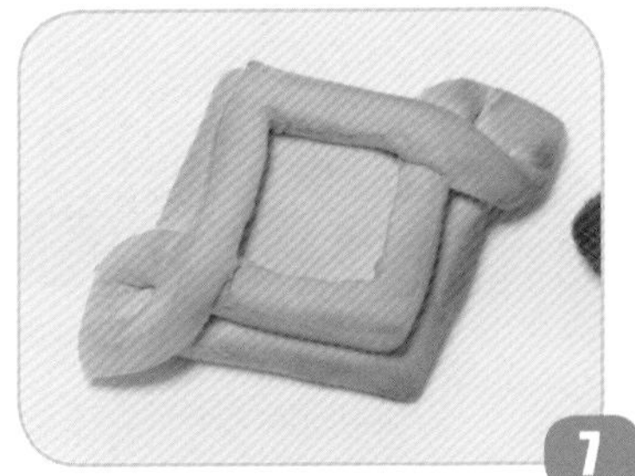
7 用棕色色粉加深表面颜色。

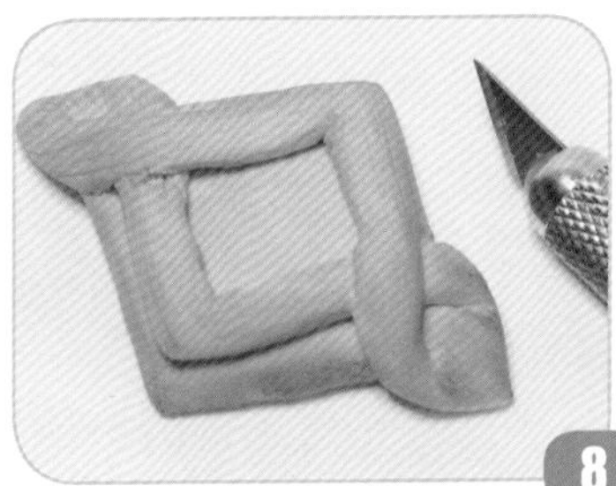
8 用笔刀在表面划出面包纹理。

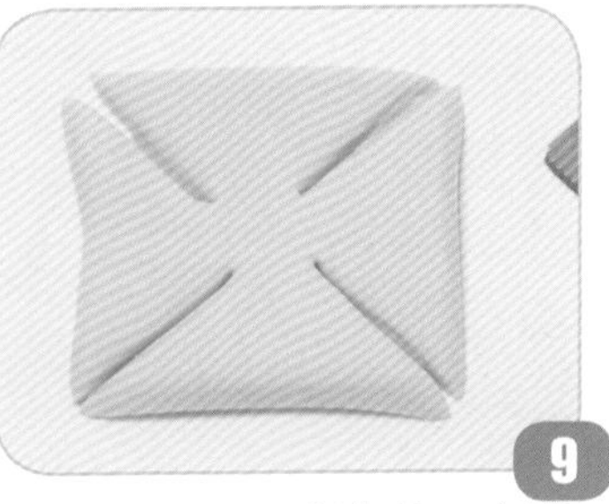
9 重复步骤1~3，制作第二个面皮，如图切开。

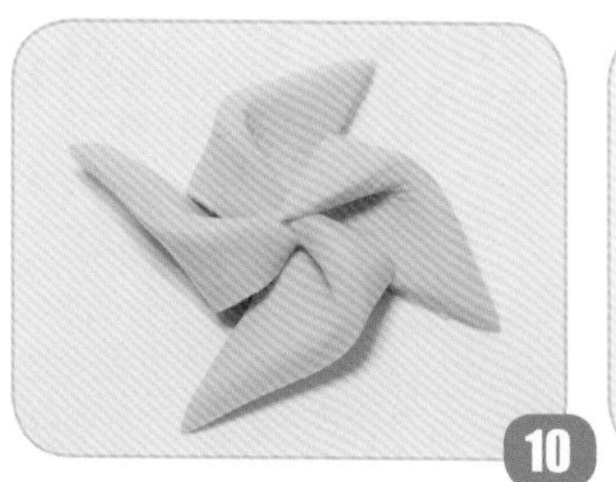
10
隔角往里黏合。

11
如图所示，上色粉。

12
用笔刀划出纹理。

水果的制作

1
将树脂黏土搓成圆形。

2
用丸棒压出黄桃罐头形状。

3
重复步骤1，制作第二块水果，将树脂黏土压成椭圆状。

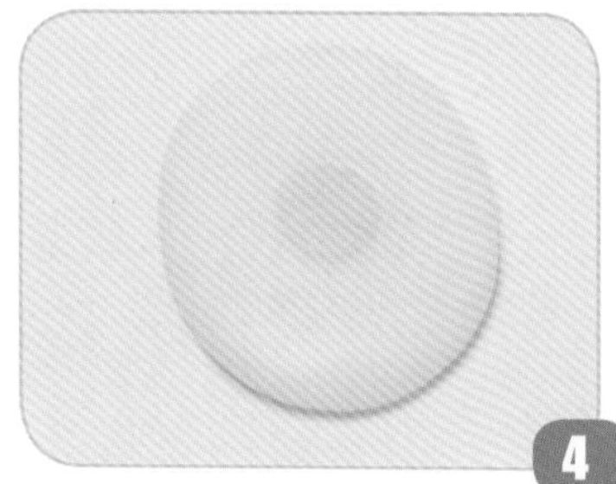
4
中间替换为深色黏土。

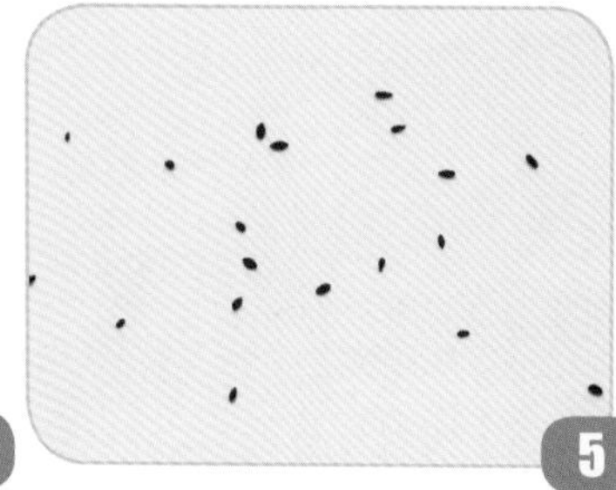
5
将黑色黏土搓小粒。

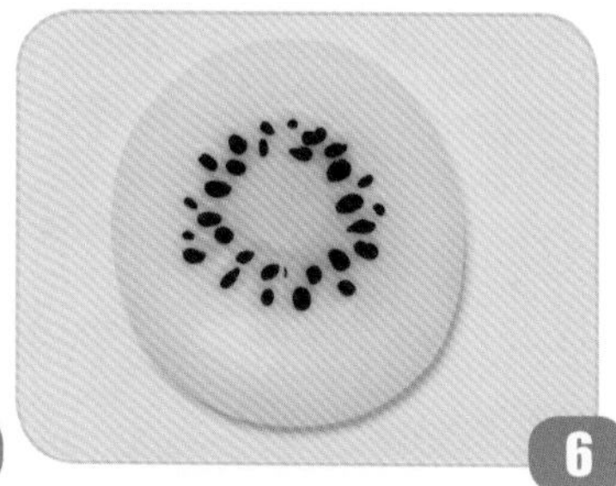
6
粘在做好的椭圆形黏土上。

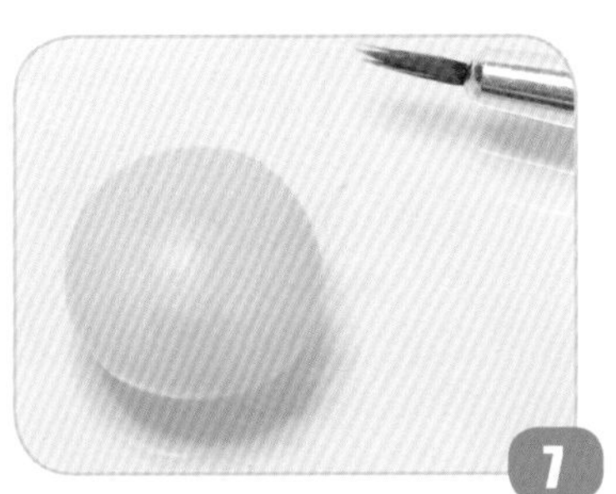
7
用黄色丙烯颜料给黄桃上色。

8
用绿色丙烯颜料给猕猴桃上色。

9
涂上亮油提高光泽度。

10
将绿色黏土搓成水滴状。

11
压扁，用圆刀压出叶子纹路。

12
用细节针在叶子周围压出锯齿状。

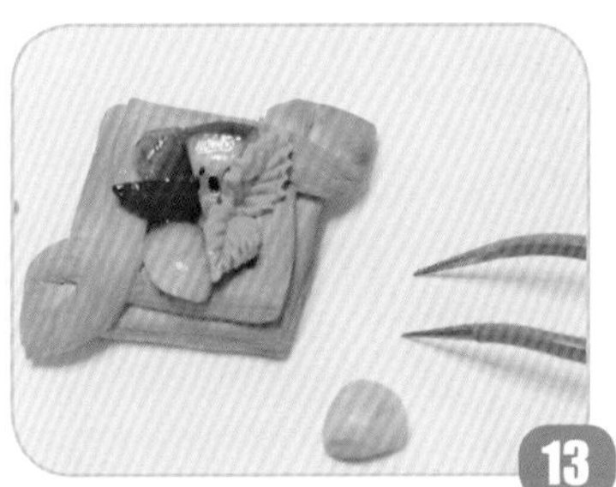
13
用镊子把做好的所有小配件摆放在面包上。

14
涂上亮油。

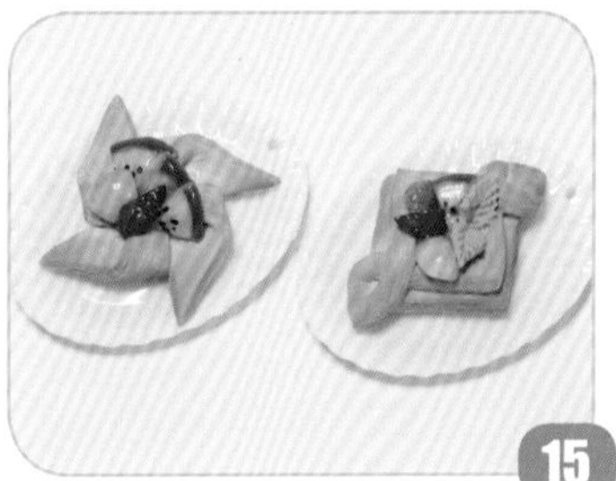
15
水果丹麦制作完成。

蛋挞
Egg Tart

BY：Miss.Ying莹

蛋挞

Egg Tart

需要准备的黏土及工具

黏土：白色、黄色软陶

工具：丙烯颜料（黄色、朱红色、褐色）、色粉（土黄色、橘红色）刀片、丸棒、细节针、刷子、笔刷、热风枪、亮油、锡箔纸、剪刀

蛋挞的制作

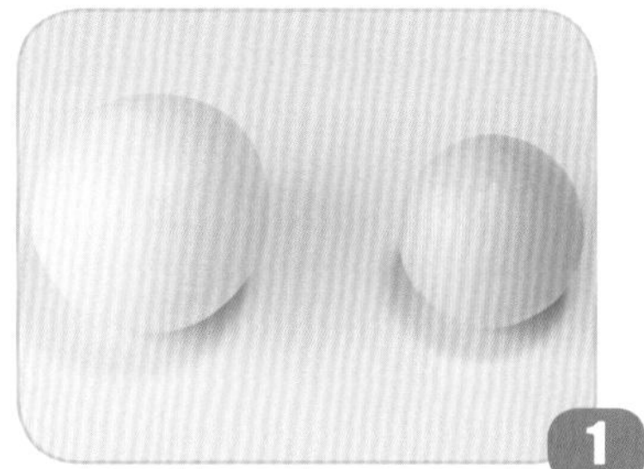

1 将白色和黄色软陶混合。

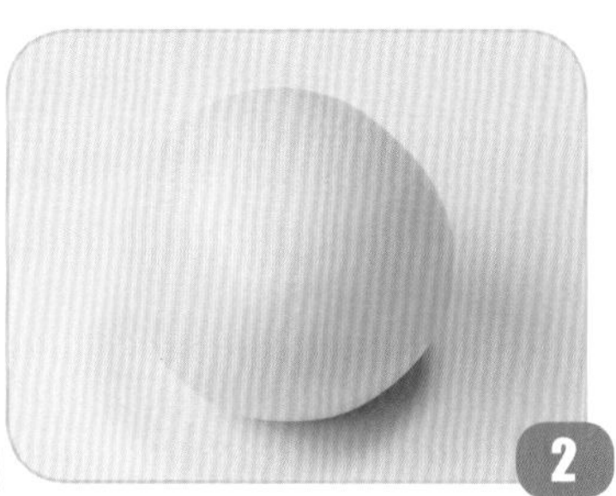

2 调和出面包色，然后搓圆。

3 压成圆柱状。

4 用手指搓成圆锥状。

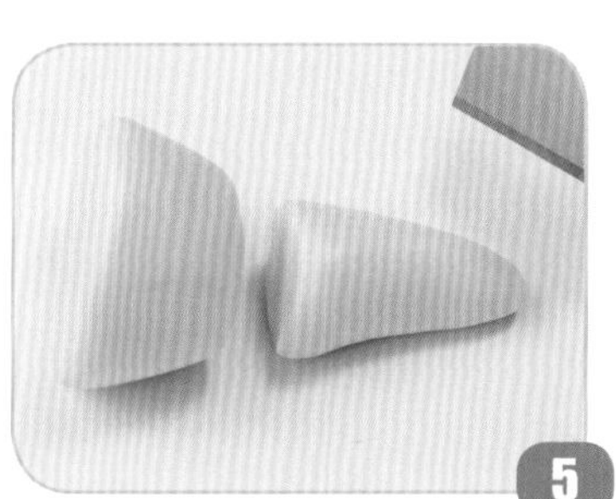

5 切掉尖端。

6 得到一个蛋挞的形状。

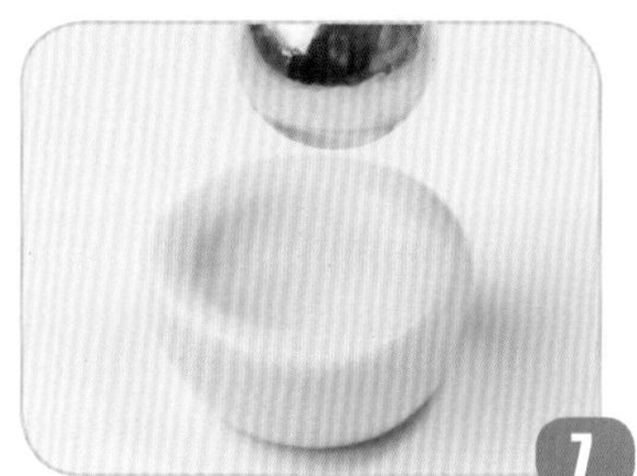

7 用丸棒压出一个凹槽。

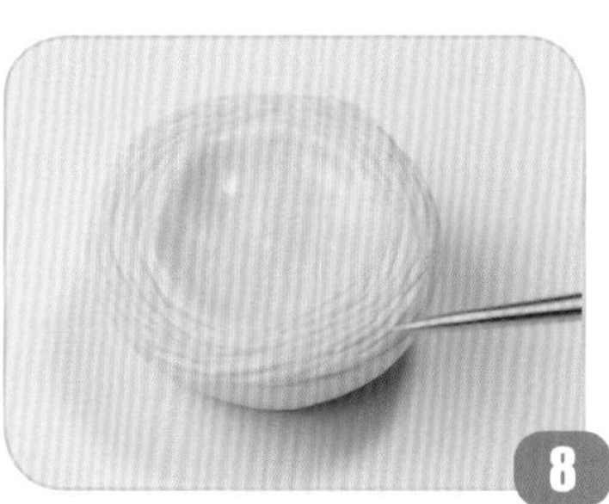

8 用细节针划出蛋挞皮的纹理。

9 用小丸棒压出一些大的凹痕。

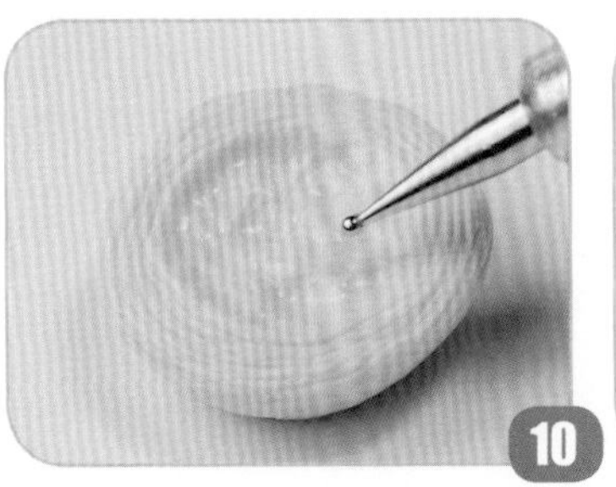
10
用丸棒细的一端压出更小的凹痕。

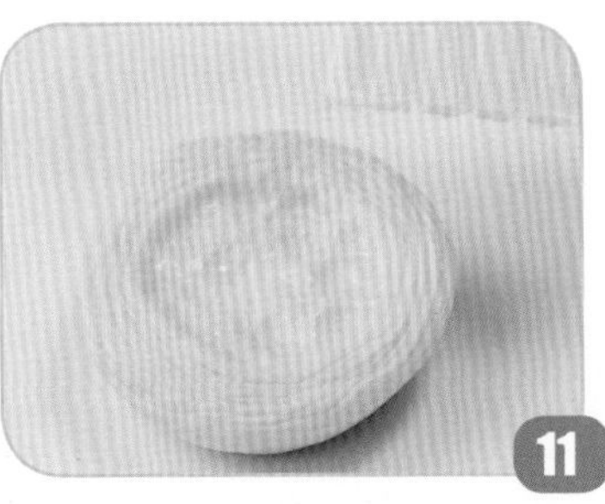
11
用刷子把整个蛋挞表面刷出粗纹理。

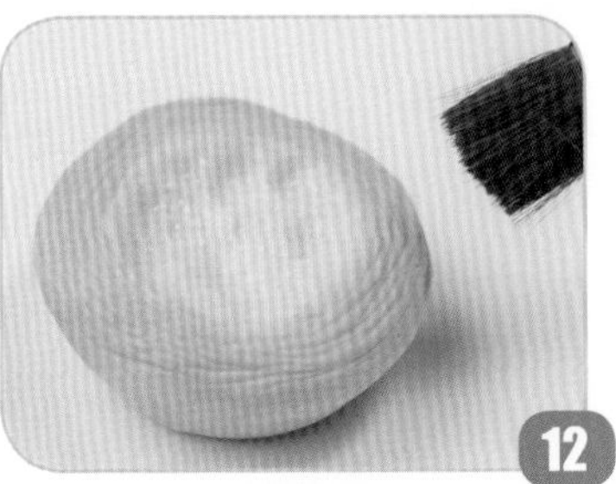
12
将土黄色色粉刷在蛋挞皮外层。

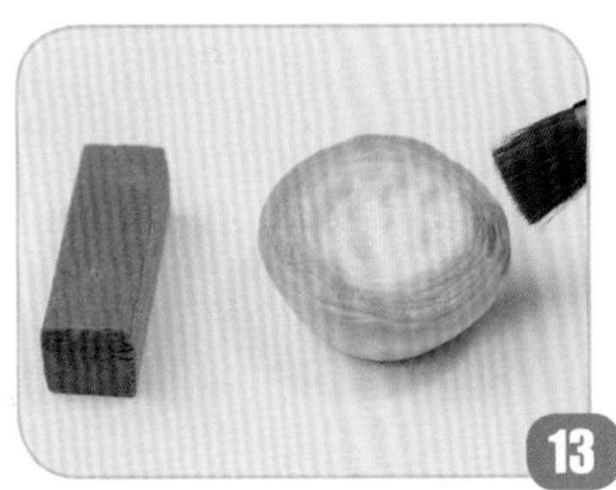
13
用橘红色色粉在蛋挞酥皮边缘着重上色。

14
重复以上步骤再制作一个蛋挞，然后切开一块。

15
用细节针划出切口的酥皮纹理。

16
用橘红色色粉给切口边缘的酥皮上色。

17
用热风枪吹干定型。

18
用黄色丙烯颜料给蛋挞中间上色。

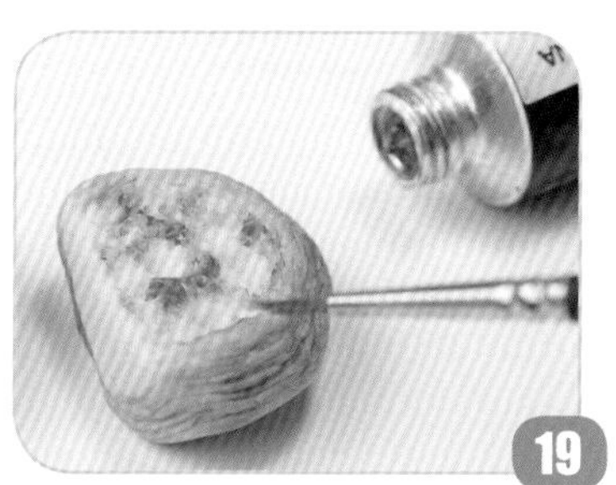
19

将朱红色丙烯颜料加水调和成浅色，然后上色。

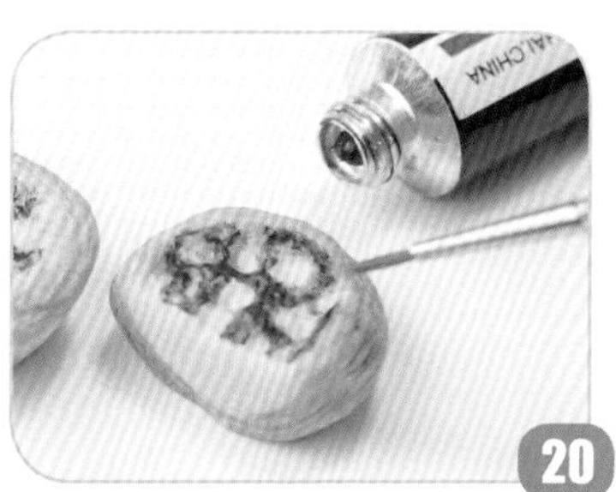
20

用褐色丙烯颜料重点画出蛋挞焦糊的颜色。

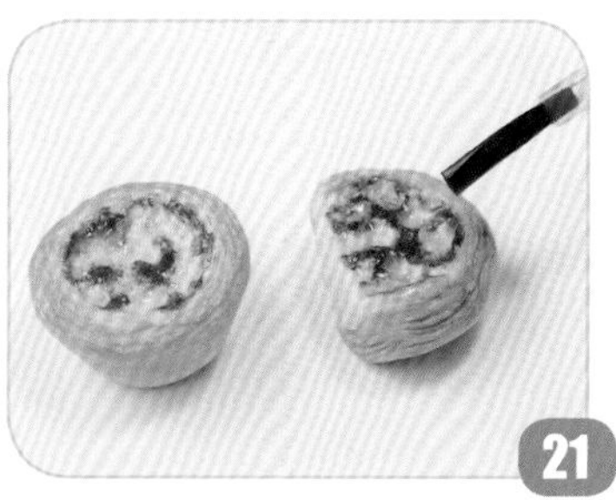
21

在蛋挞表面刷上亮油。

锡纸托的制作

1

取锡箔纸对折几次让其有一定厚度。

2

将对折后的锡箔纸剪成大小适中的圆形。

3

包裹住蛋挞折成碗状。

4

用剪刀沿着边缘减掉多余的一圈。

5

拿出蛋挞，将锡箔小碗边缘仔细修剪光滑。

6

装入蛋挞，制作完成。

甜甜腻腻

Sweet & Greasy

马卡龙

Macaroon

BY：张小瑜

马卡龙
Macaroon

需要准备的黏土及工具

黏土：粉色、玫红色、蓝色、绿色、棕色、黄色超轻黏土；奶油土

工具：液体硅胶、AB滴胶、七本针、圆刀、压板、毛刷、仿真小碟、闪粉、纸杯、剪刀、牛皮纸

马卡龙的制作

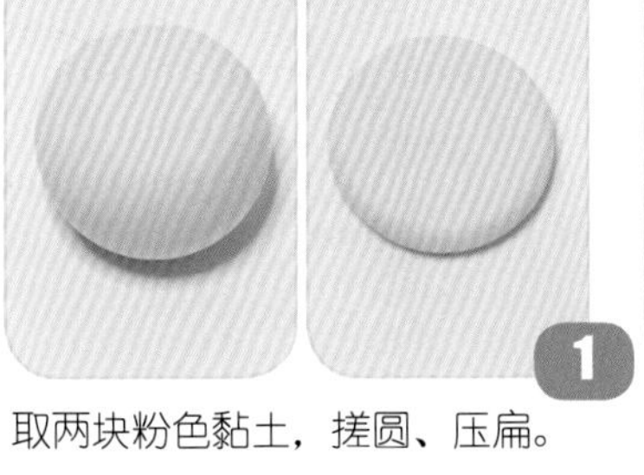

1 取两块粉色黏土，搓圆、压扁。

2 用七本针在周围戳出纹理。

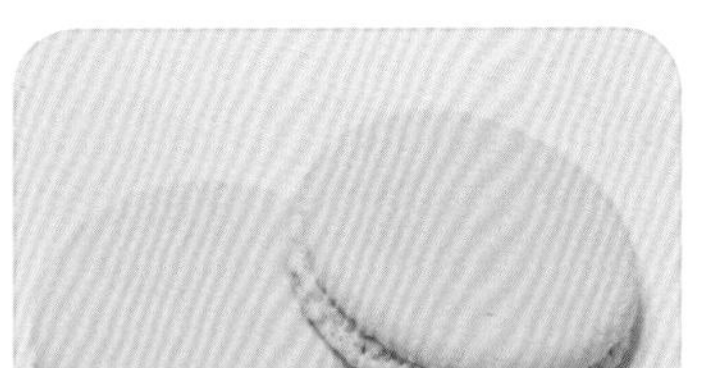

3 用圆刀在纹理上方划一圈。

4 用压板再压扁一次。

5 取深一号粉色黏土压扁。

6 将其夹在中间。

7 完成黏合。

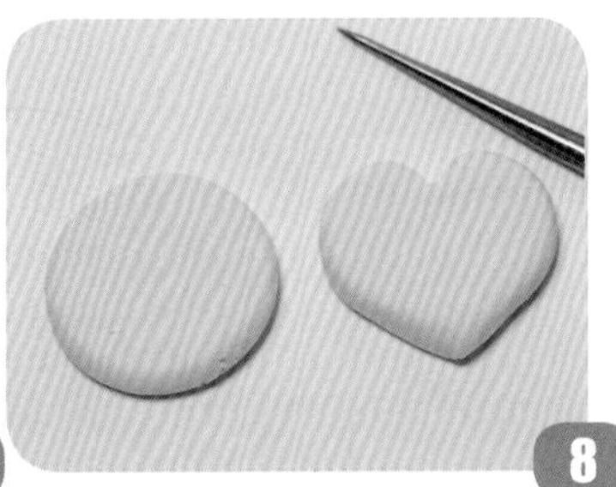

8 重复步骤1制作第二块马卡龙，将圆形用细节针调整成爱心形状。

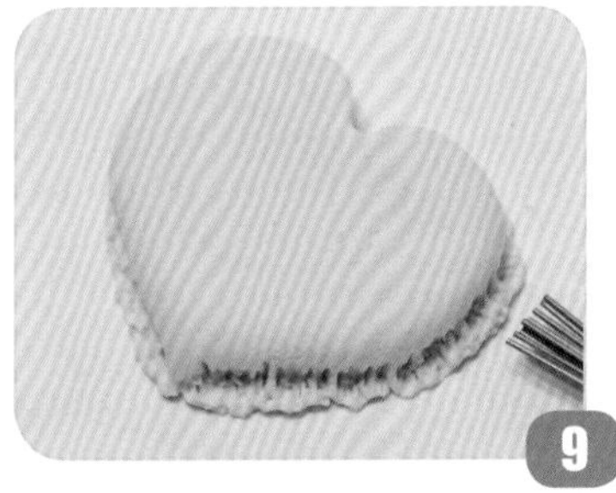

9 用七本针戳出纹理。

10 用毛刷加深纹理。

11 重复步骤8~10，制作一个玫红色爱心。

12 夹在两个粉色爱心中间，爱心马卡龙制作完成。

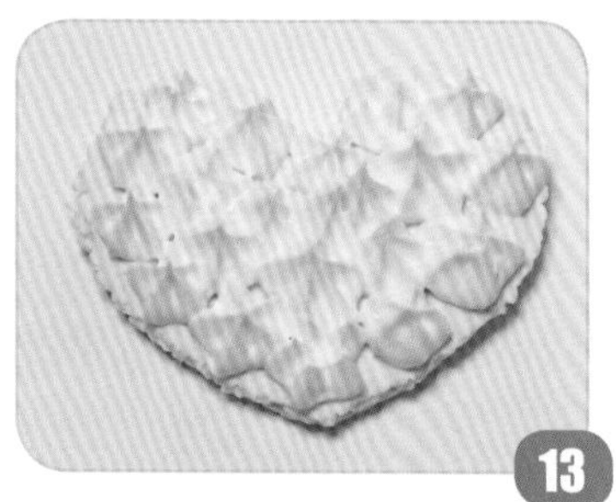

13 另取一个粉色爱心，在上面挤上奶油土。

14 将另一个爱心马卡龙盖在上面，完成制作。

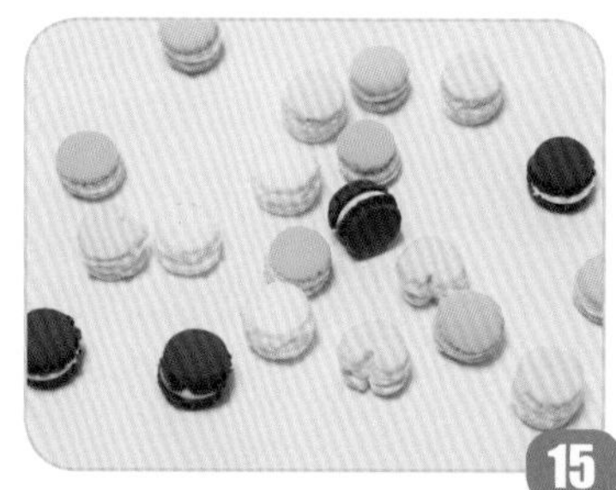

15 制作出不同颜色和形状的迷你马卡龙。

碟子的制作

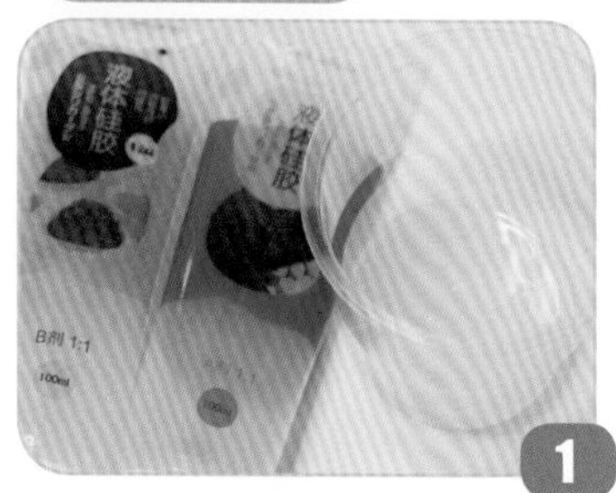

1 液体硅胶1:1混合，制作模具。

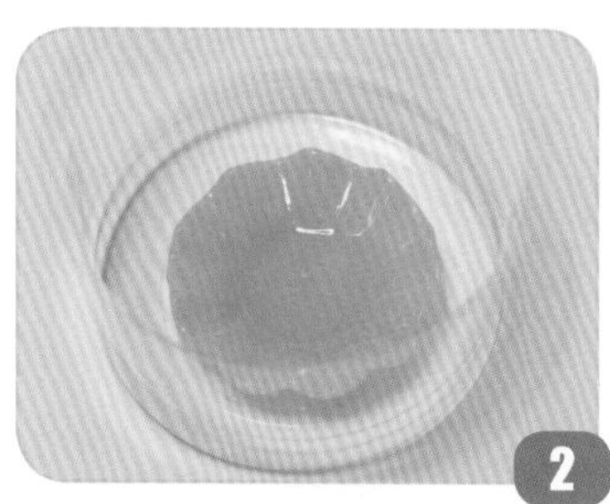

2 在纸杯中放入仿真小碟。

3 倒入液体硅胶。

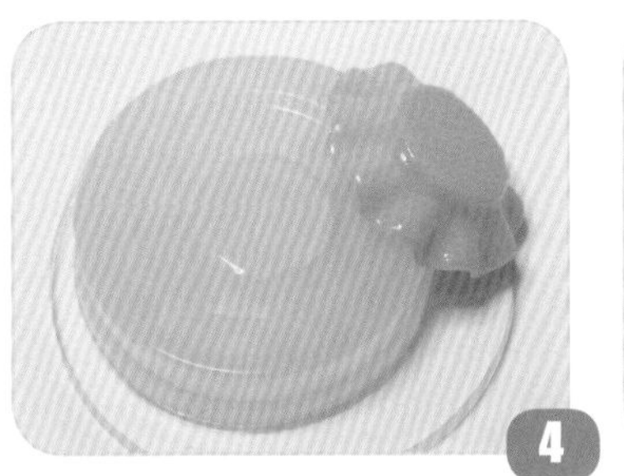

4

风干后取出透明小碟子，模具制作完成。

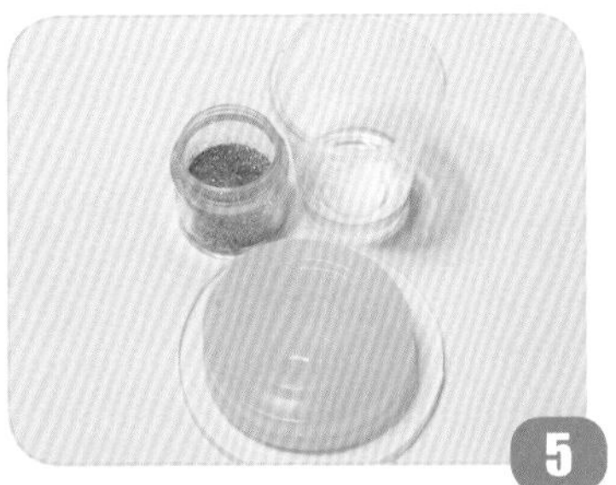

5

在AB滴胶中加入闪粉，倒入做好的模具中。

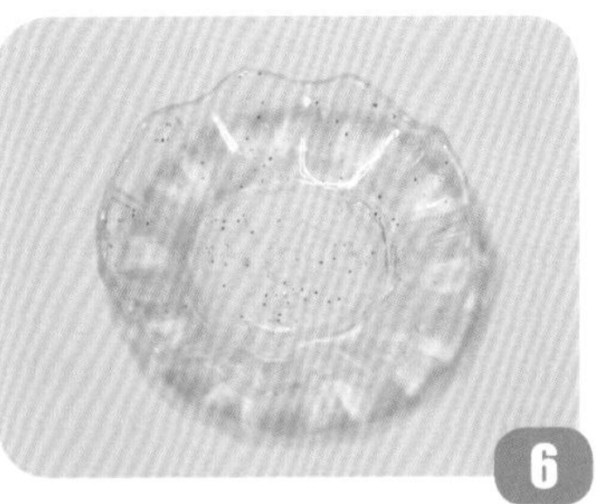

6

风干后取出透明小碟子。

7

将做好的小马卡龙装饰在上面。

8

迷你马卡龙制作完成。

纸盒的制作

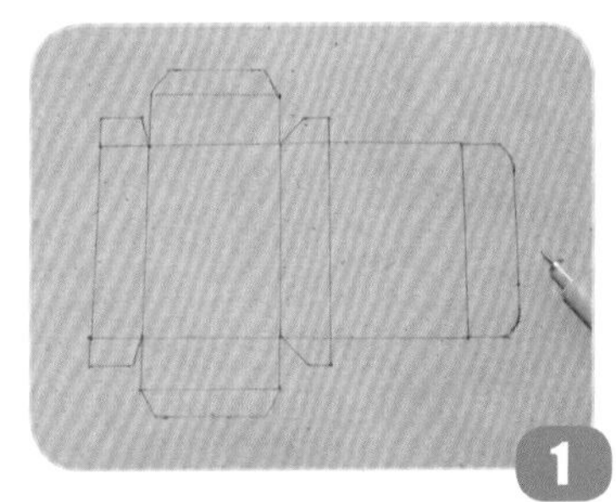

1

在牛皮纸上画出纸盒图案。

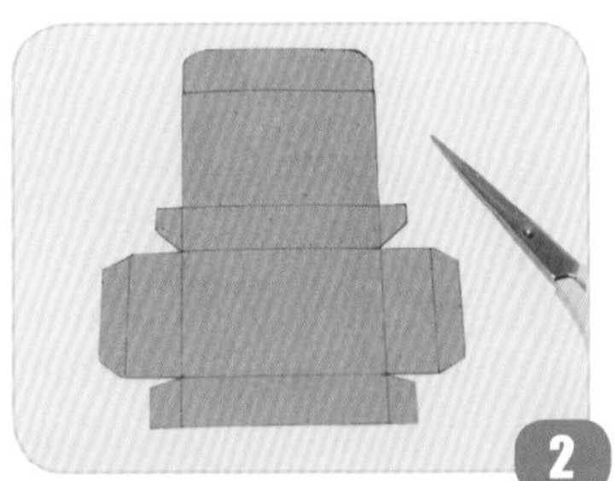

2

按照线条剪下。

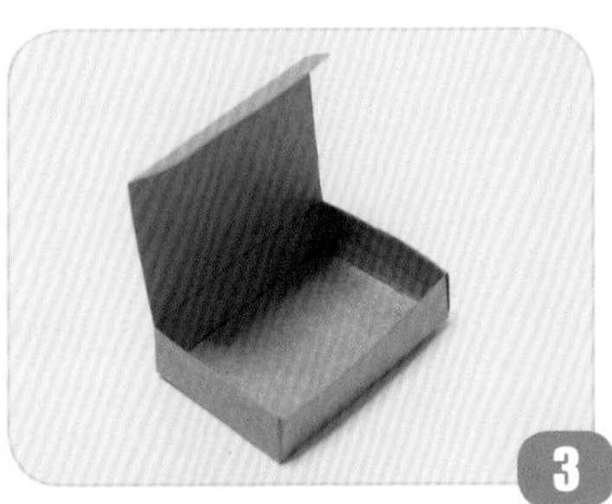

3

黏合，做成纸盒。

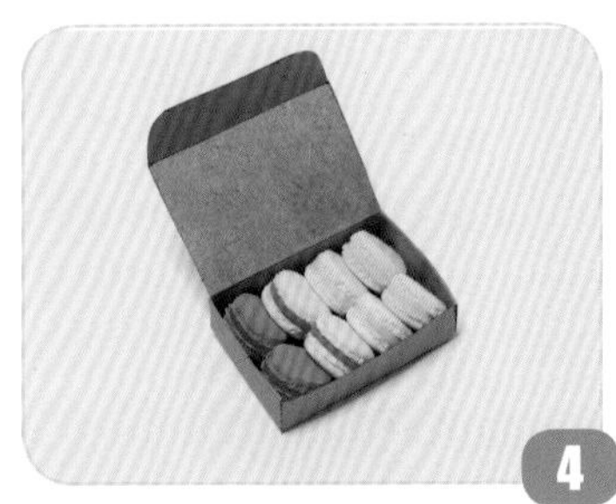

4

将马卡龙摆放在纸盒中。

甜甜圈

Doughnut

BY：Miss.Ying莹

甜甜圈

Doughnut

需要准备的黏土及工具

黏土：浅黄色纸黏土
工具：仿真果酱（咖啡色、白色、巧克力色、粉色）、色粉（土黄色）、细节针、刷子、仿真椰蓉、仿真花生碎

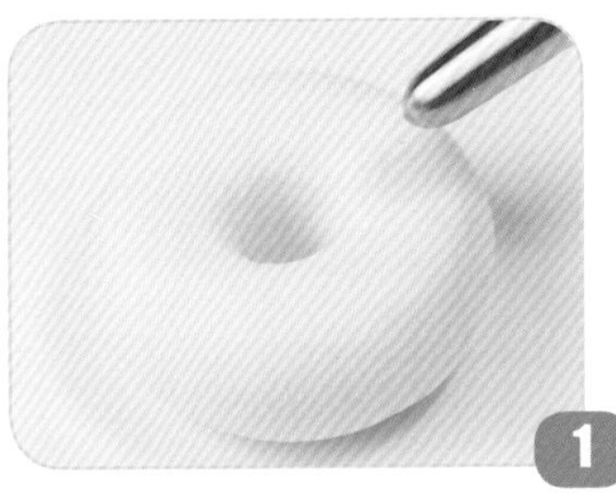

1 将浅黄色纸黏土搓圆压扁，在中间戳出一个孔。

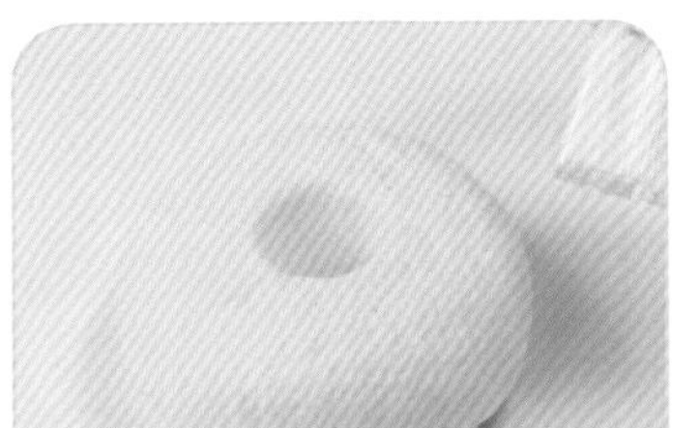

2 用刷子刷出面包纹理。

3 用土黄色粉彩上色，完成甜甜圈饼胚的制作。

4 涂上巧克力色仿真果酱。

5 待干后用白色细果酱划出花纹，制作完成。

6 重复步骤1~3，制作一个甜甜圈饼胚，用咖啡色细果酱划出花纹。

7 撒上仿真花生碎，制作完成。

8 再制作一个甜甜圈饼胚，涂上粉色果酱，撒上仿真椰蓉，制作完成。

9 三个甜甜圈制作完成。

黑森林蛋糕

Black Forest Cake

BY：张小瑜

黑森林蛋糕

Black Forest Cake

需要准备的黏土及工具

黏土：棕色、黑色、白色、黄色超轻黏土
工具：丙烯颜料（红色、金色）、擀棒、压板、细节针、七本针、刀片、细节毛笔、白胶、塑料杯、搅拌棒、裱花袋、裱花嘴、丸棒、亮油

蛋糕的制作

1 将棕色黏土和黑色黏土以2:1的比例进行混合，揉圆。

2 揉圆后压成圆饼（需要两个）。

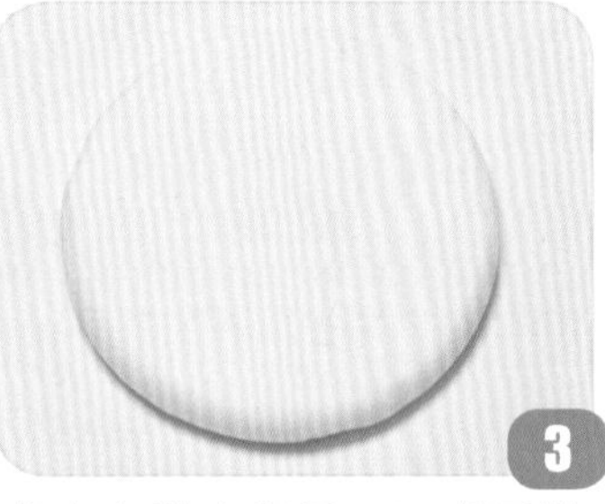
3 将白色黏土揉圆，压成圆饼（需要两个）。

4 把所有圆饼跳色重叠制成蛋糕内胚。

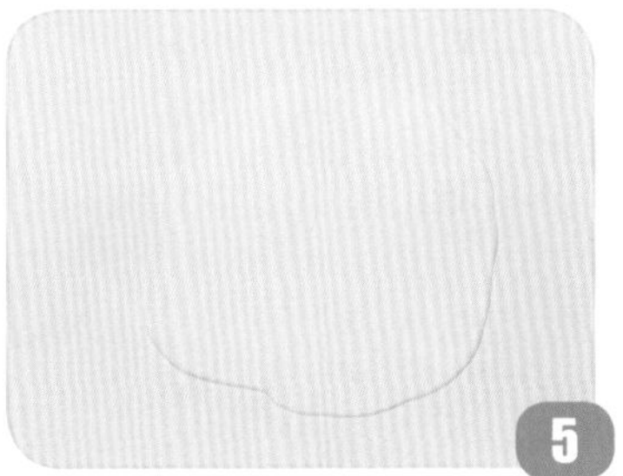
5 将白色黏土擀成薄皮。

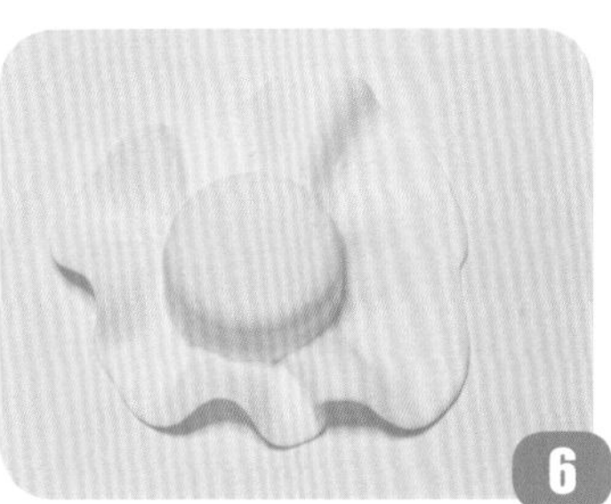
6 包裹在蛋糕内胚上。

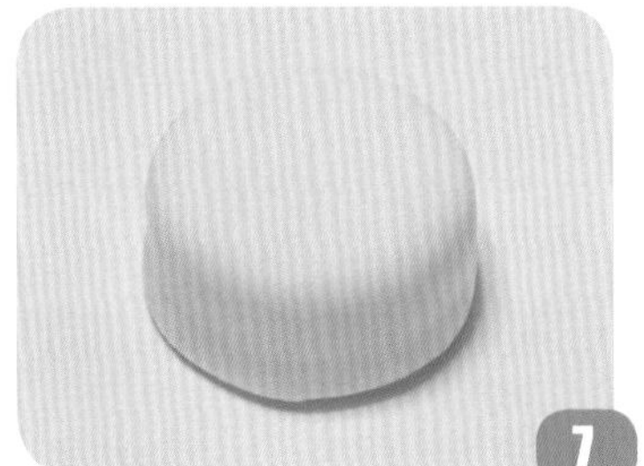
7 修剪成形。

8 将步骤1混色的黏土揪成碎片，制成巧克力屑。

9 把巧克力屑粘在蛋糕上。

草莓的制作

10
按层次粘完直至盖满整个蛋糕。

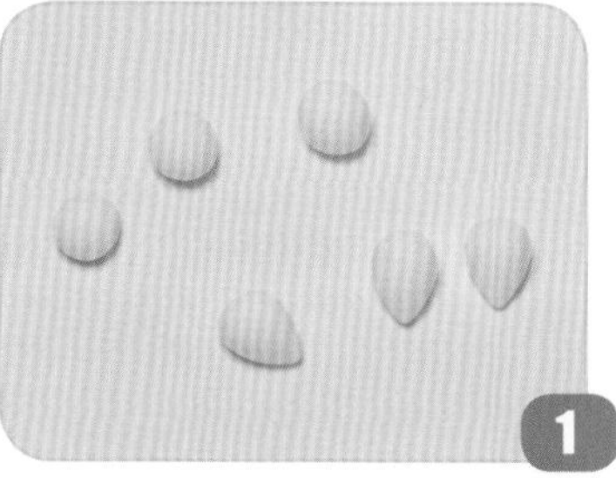
1
在白色黏土中加入少许黄色黏土，揉成水滴形。

2
用细节针在水滴形黏土上扎满小孔，做成草莓状。

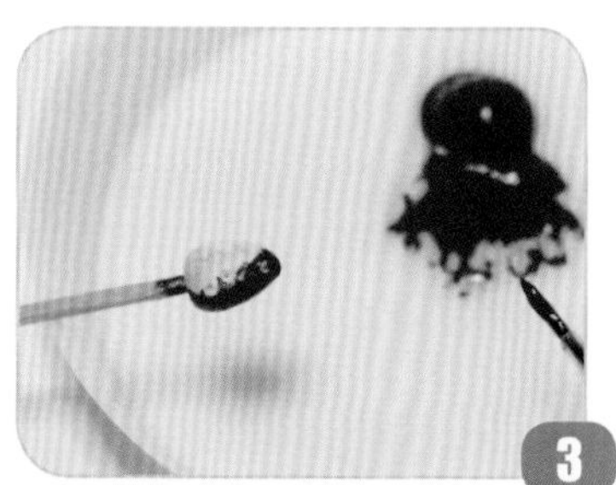
3
用红色丙烯颜料给草莓上色。

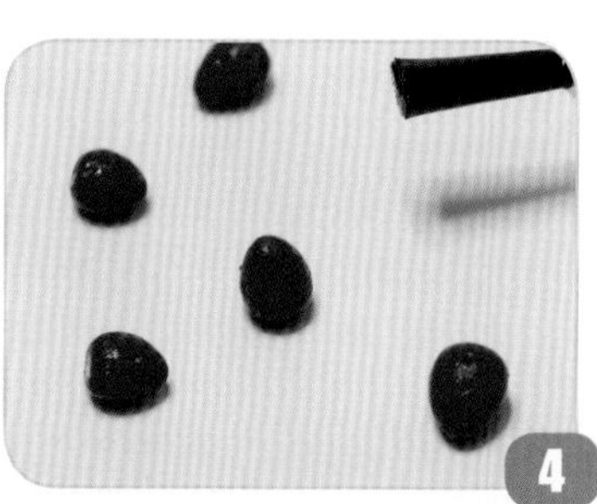
4
给上好色的草莓涂上亮油。

5
草莓制作完成。

卡片的制作

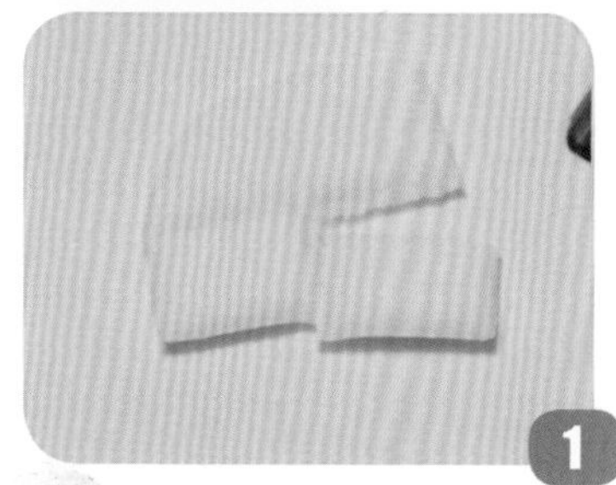
1
将白色黏土擀平，切出一个长方形。

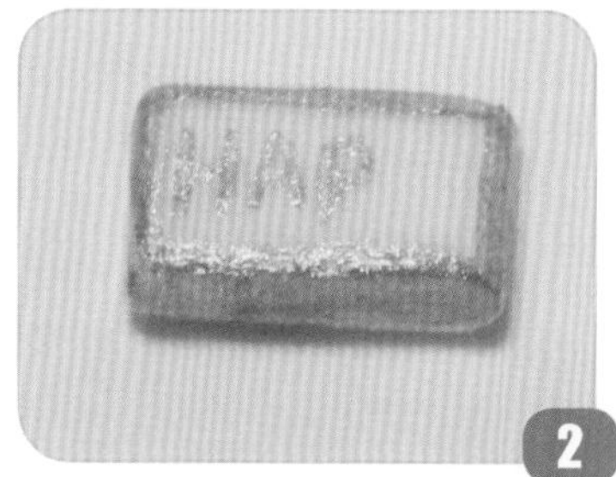

2
用金色丙烯颜料写上卡片内容。

奶油的制作

1
将白胶、水、白色黏土以1:1:2的比例混合。

搅拌均匀，制成奶油土。

拿出16号裱花嘴和裱花袋，装入搅拌好的奶油土。

风干后在蛋糕体上挤上奶油土。

在奶油土上装饰草莓。

装饰卡片。

盘子的制作

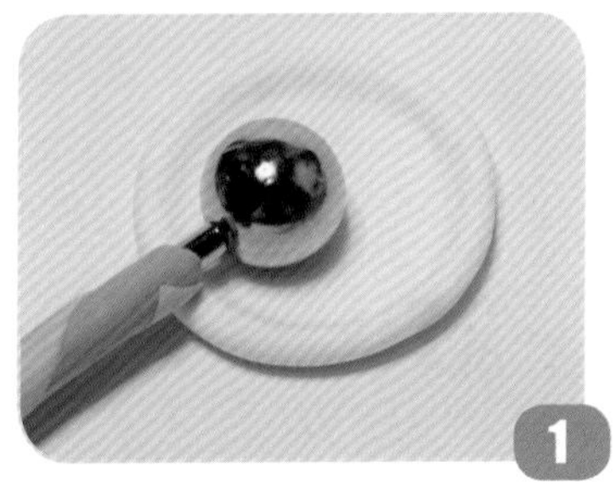

将白色黏土搓圆，压成圆饼，用丸棒压出盘子形状。

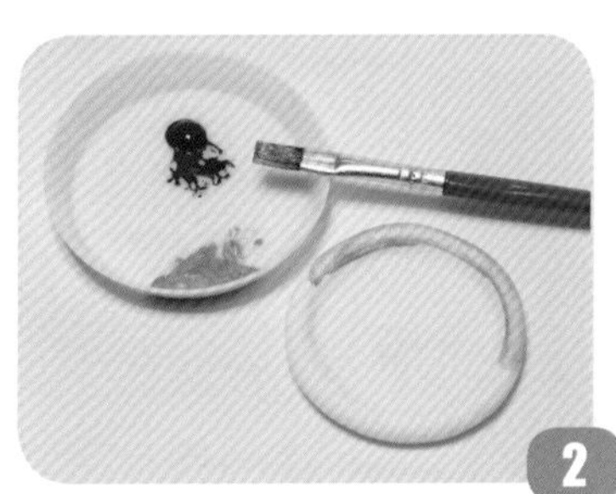

用金色丙烯颜料给盘子边缘进行上色。

重复蛋糕制作步骤，做出切开样式的三角形蛋糕，用七本针戳出蛋糕质感。

装盘，完成制作。

铜锣烧

Dorayaki

BY：狐渣渣

铜锣烧

Doraýaki

需要准备的黏土及工具

黏土：浅黄色、深红色、黑色软陶
工具：色粉/水彩（黄色、赭石色、棕色）、亚克力压板、压痕笔、小刷子/海绵、刀片、七本针/细节针、牛皮纸、胶、磨砂亮油

铜锣烧的制作

1
取适量浅黄色软陶。

2
平分两半后搓圆。

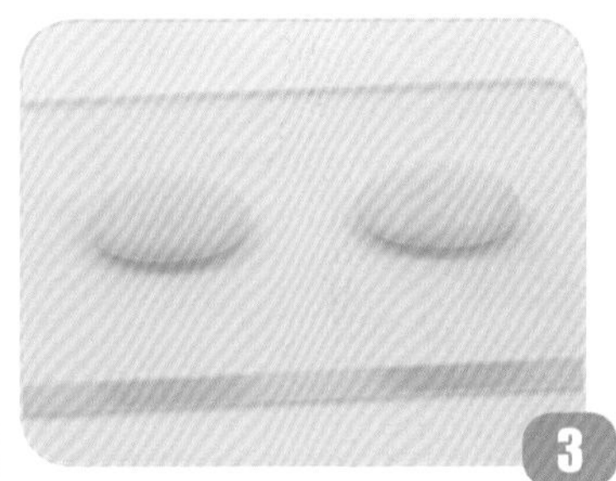
3
用手指压扁，成周围薄中间厚的形状。

4
如图所示，用色粉/水彩进行上色，做成铜锣烧的饼皮。

5
取适量黑色、深红色软陶。

6
均匀混合形成馅料。

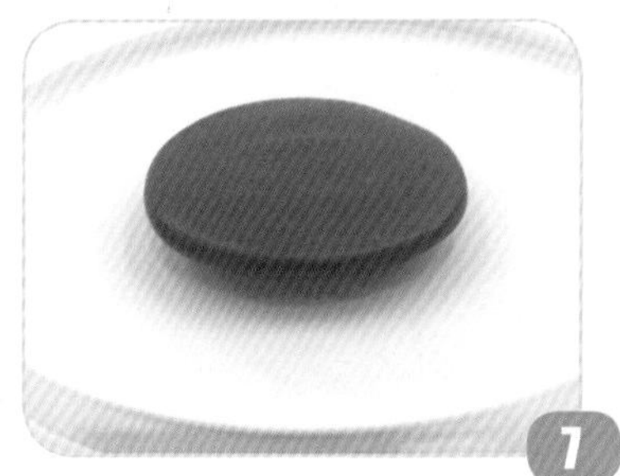
7
用压板压扁，注意和饼皮的比例，略微小于饼皮。

8
用手将饼皮边缘拨起一些。

9
将馅料放入其中一侧饼皮内。

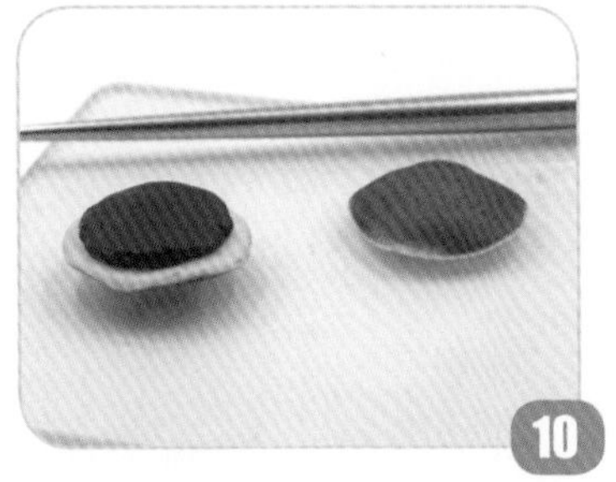
10
用压痕笔在馅料边缘压出不规则纹理。

11
将另一半饼皮黏合后烤干。

12
取适量浅黄色软陶。

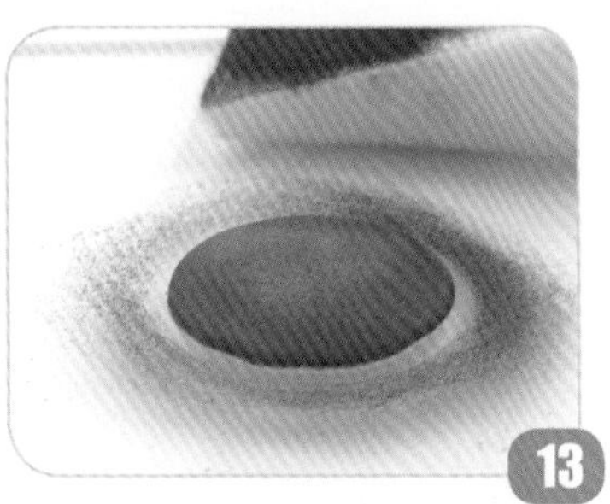
13
再做一个单独的饼皮，方法见步骤1~4。

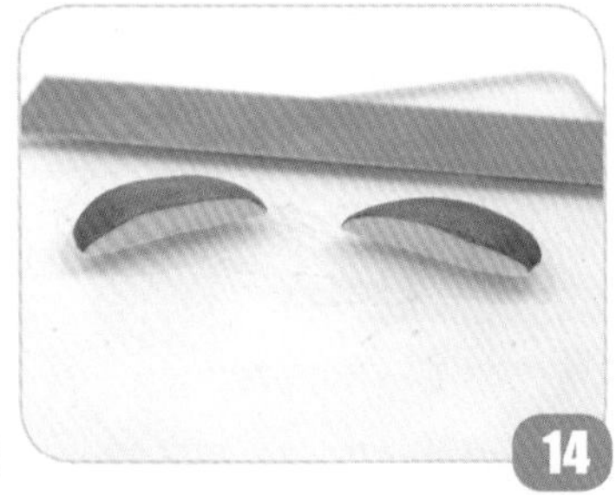
14
从中间切开。

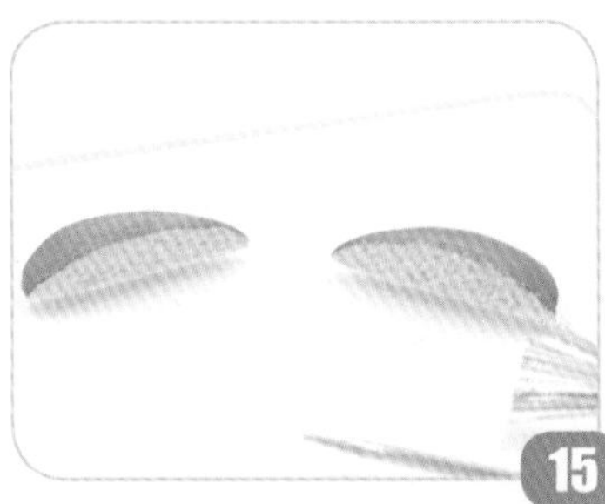
15
用七本针/细节针戳出饼皮截面的纹理。

16
切出半个和一半饼皮成比例的馅料。

17
将馅料贴在饼皮上，注意截面对齐，贴上另一半饼皮后烤干。

18
将两个铜锣烧都刷上磨砂亮油。

纸袋的制作

1 拿出一张牛皮纸。

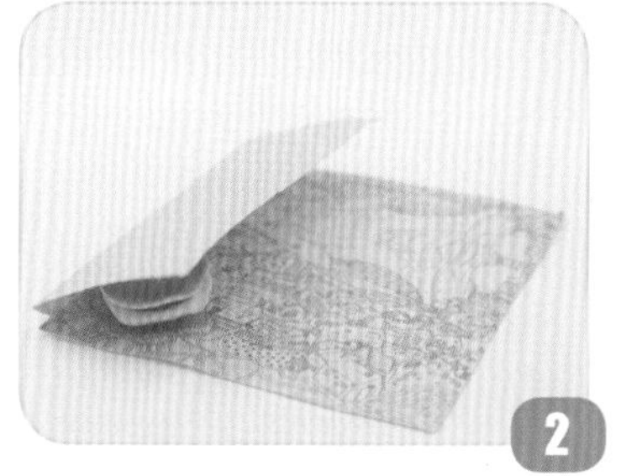

2 将一侧折叠，大小可以装下一整个铜锣烧，折痕如图。

3 另一边叠法相同。

4 裁剪后抹上白乳胶（任何胶都可以）。

5 裁出合适的长度，黏合底部。

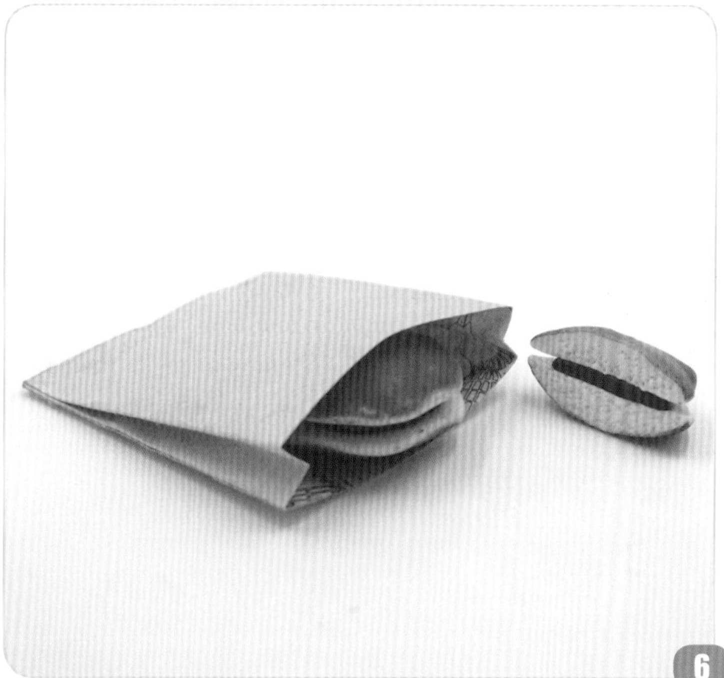

6 装入铜锣烧，制作完成。

糖葫芦
Tanghulu
BY：狐渣渣

糖葫芦
Tanghulu

需要准备的黏土及工具

黏土：白色、红色、橘色、绿色、黄色、紫色、蓝色超轻黏土
工具：泡沫垫、牙签、细节针、牙刷、水彩（黑色、土黄色）、色精（浅黄色）、小毛笔、UV胶/AB滴胶、硅胶垫

山楂糖葫芦制作

1 取适量红色超轻黏土。

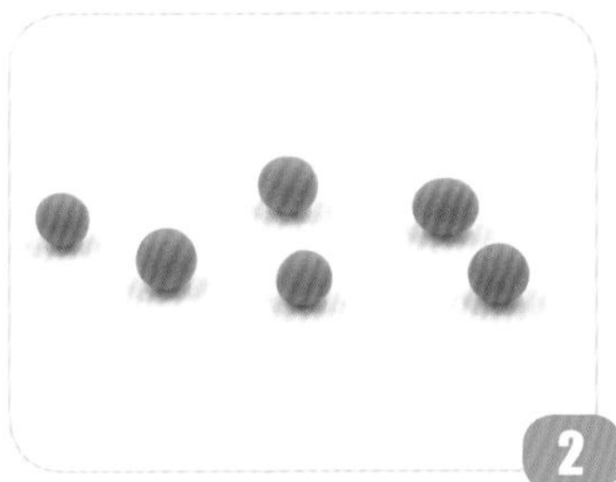
2 搓成6个直径不到1厘米的球。

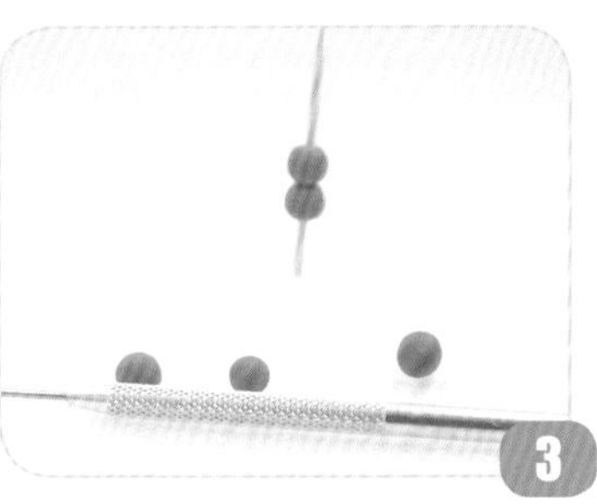
3 用细节针小心穿孔后插入牙签，保证圆球不变形。

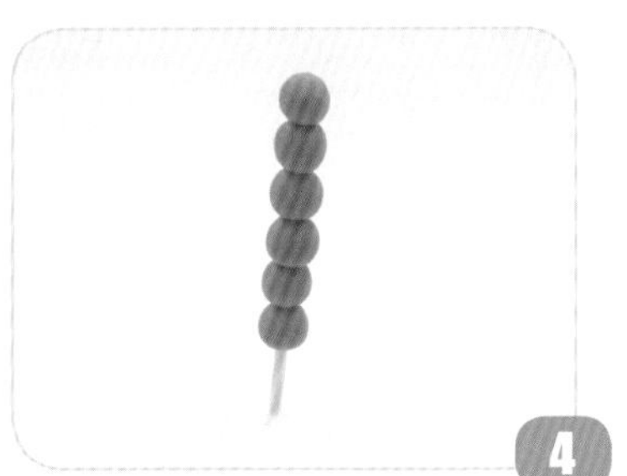
4 调整每颗球的位置使其不粘连。

5 取下小球后把最上面一颗单独扎在牙签上做细节处理。

6 用细节针划出五角星的形状。

7 将每个内角压下，形成球上的纹路。

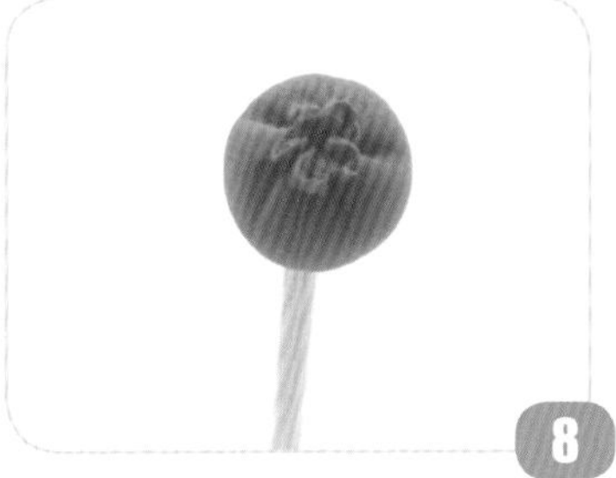
8 将五角星边缘处向下压，形状如图所示。

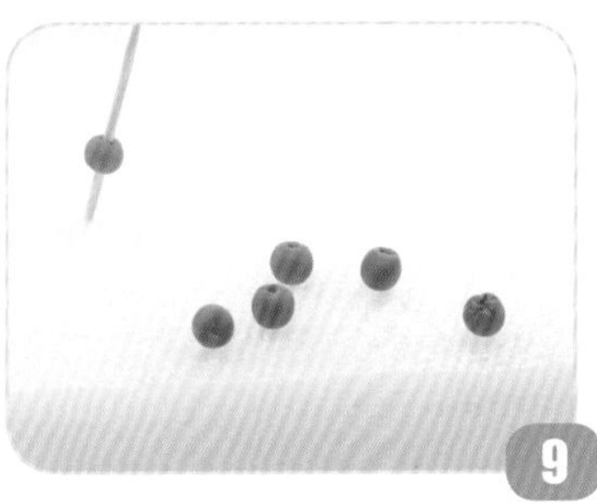
9 以同样的方法将剩下的五颗球轻轻压出纹路。

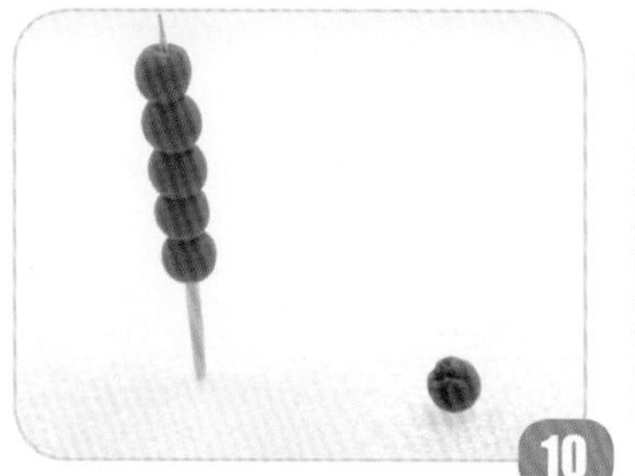
10
依次串入牙签。

11
最后一颗串入时注意不要露出牙签尖。

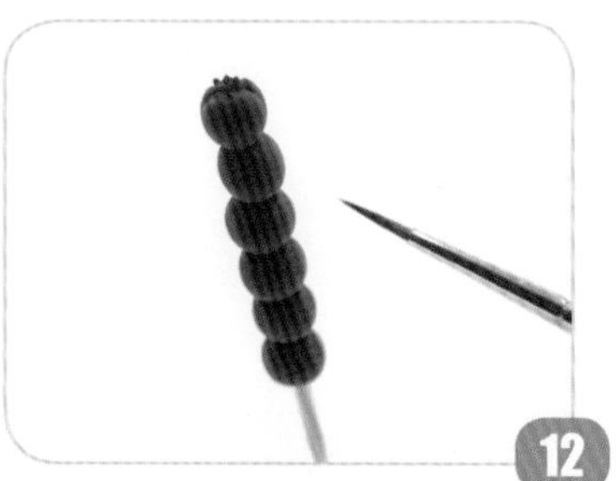
12
用小毛笔蘸黑色水彩，稀释后画出山楂的纹理，如图所示。

13
用牙刷蘸土黄色水彩，用手拨动刷毛，喷溅出山楂表面的小点点。

什锦水果制作

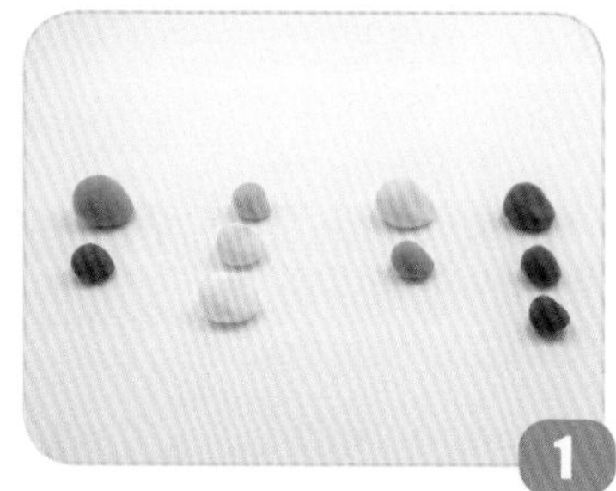
1
如图按列准备颜色。

2
将每列黏土混合成橘红色、浅绿色、中黄色和深紫色。

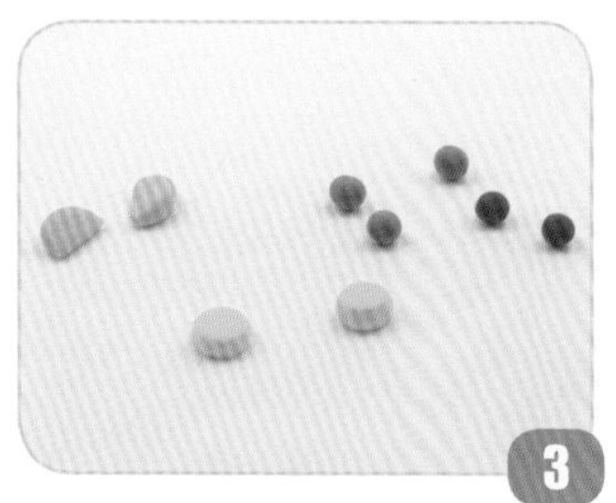
3
将中黄色黏土捏成橘子瓣形状，浅绿黏土捏成扁圆形奇异果状，紫色和橘红色搓成椭圆形做葡萄和圣女果（注意彼此的大小比例）。

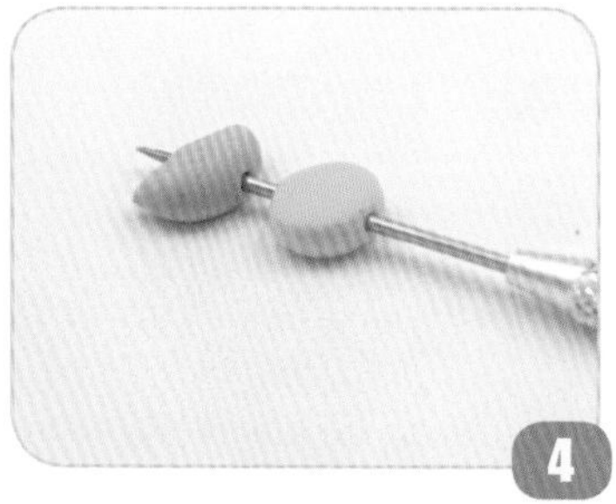
4
用细节针小心穿孔，保证不变形。

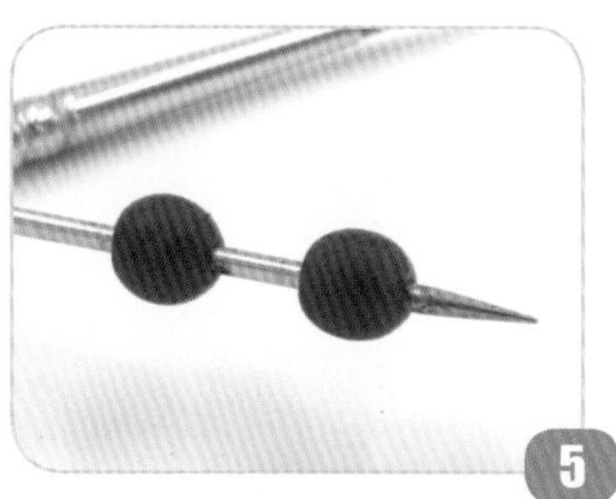
5
如图，用颜料给葡萄整体上色，使其颜色更饱和。

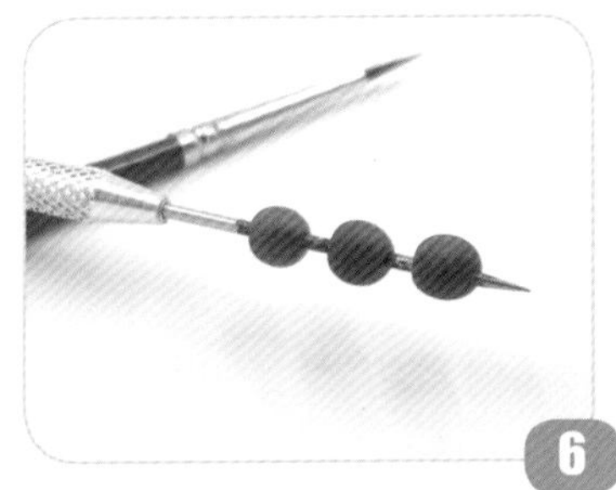
6

如图所示，用颜料给圣女果整体上色使其颜色更饱和。

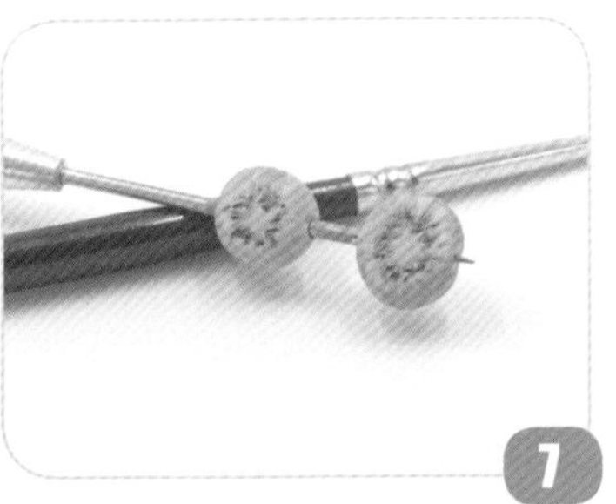
7

如图所示，用颜料给奇异果绘制内心图案。

8

如图所示，用颜料给橘子瓣绘制细节。

9

把糖葫芦串好，扎在泡沫垫上晾干。

糖浆的制作

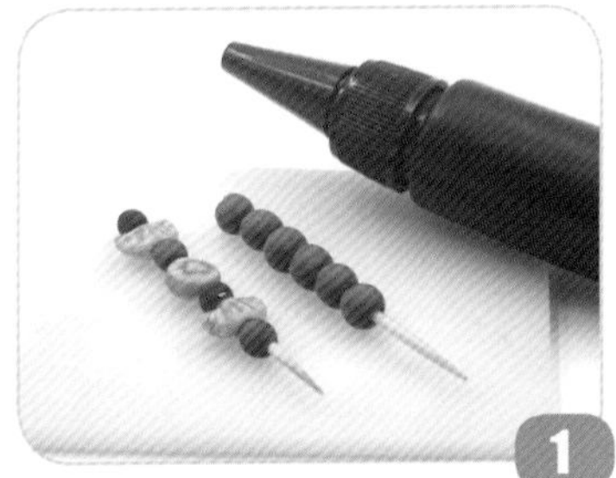
1

风干后，将糖葫芦放在硅胶垫上，准备UV胶/AB滴胶。

2

UV胶/AB滴胶+浅黄色色精调成浅黄色。

3

淋上胶体，模仿糖稀将糖葫芦完全包裹。

4

晾干后可拿起。

5

制作完成。

纸杯蛋糕

Cupcake

BY：张小瑜

纸杯蛋糕 Cupcake

需要准备的黏土及工具

黏土：浅黄色、黑色、棕色、深蓝色、白色、红色、绿色、粉色、蓝色、黄色超轻黏土;奶油土

工具：丙烯颜料（棕色、黑色）、色粉（土黄色）、压板、圆刀、毛刷、刷子、刀片、剪刀、细节针、亮油、纸杯、搅拌棒、裱花嘴、裱花袋、液态酱汁

蛋糕的制作

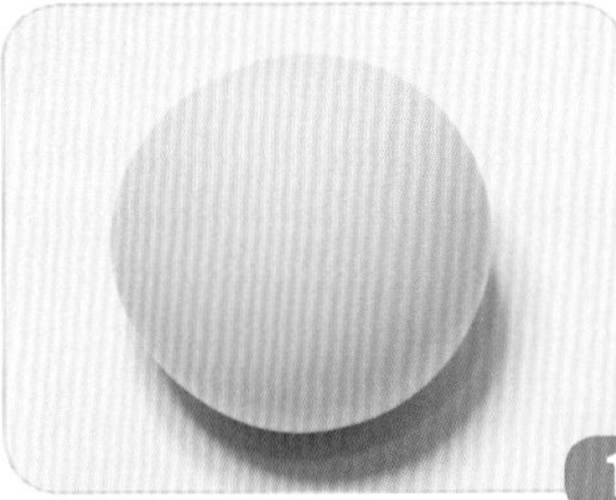

1 将浅黄色黏土搓成圆形。

2 压成梯形圆柱。

3 用圆刀在周围压痕，做成蛋糕底部。

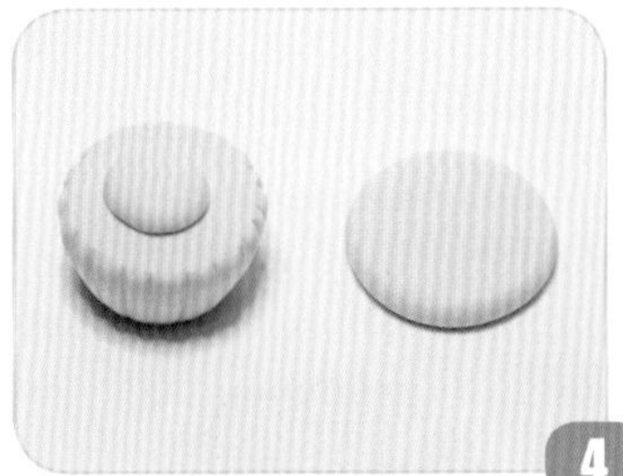

4 取一大一小两块同色黏土搓圆压扁，将小块黏土放在蛋糕底部中间。

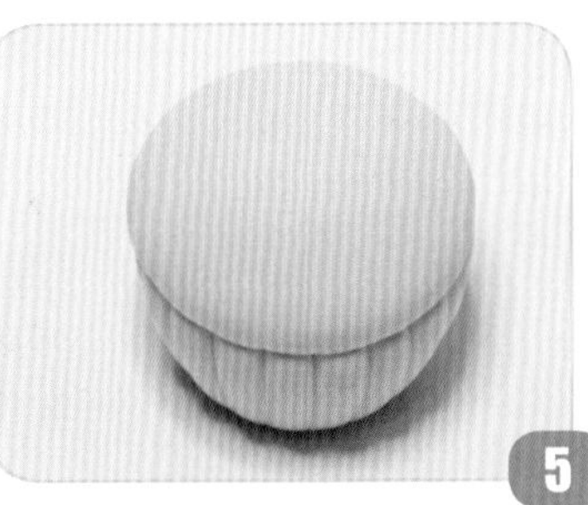

5 将大块黏土覆盖在蛋糕底上。

6 用毛刷刷出纹理。

7 在表面涂上土黄色色粉，做出烘焙效果。

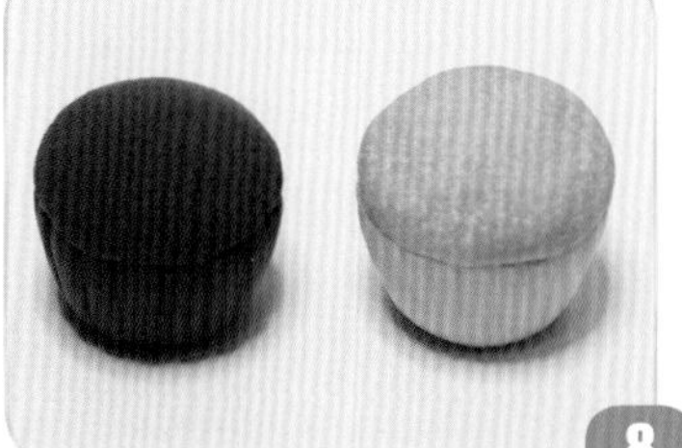

8 重复上述步骤做巧克力色蛋糕胚备用。

装饰物的制作

1 将彩色黏土搓条用刀片切成小段制成糖粒。

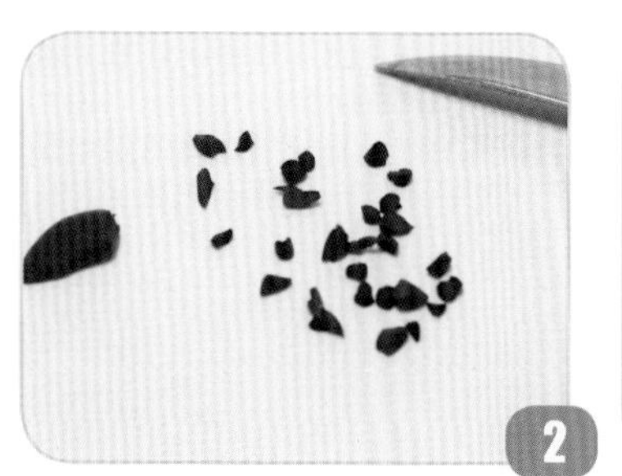

将黑色和棕色黏土用剪刀剪成巧克力粒。

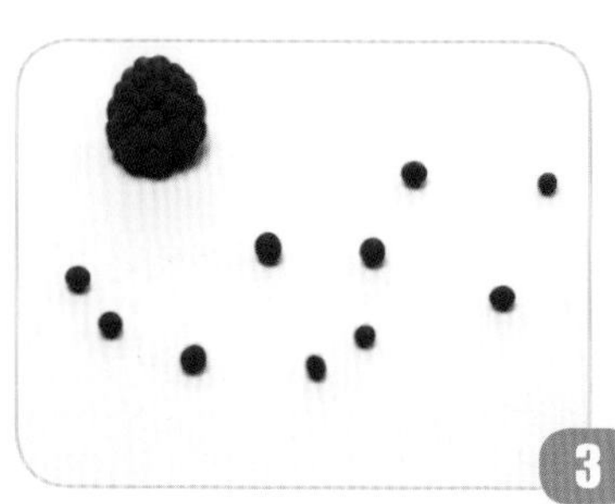

将红色黏土搓成小圆粒拼成树莓。

将黑色和白色黏土搓圆压扁、重叠，制成夹心饼干。

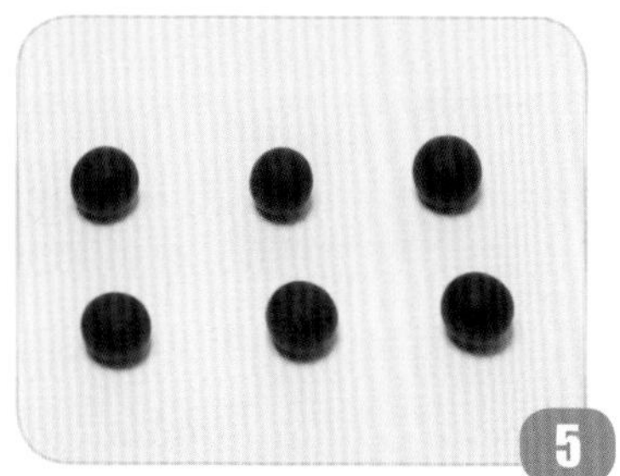

将深蓝色黏土搓成小圆。

用细节针在表面戳开制成蓝莓。

将黄色黏土长条压扁。

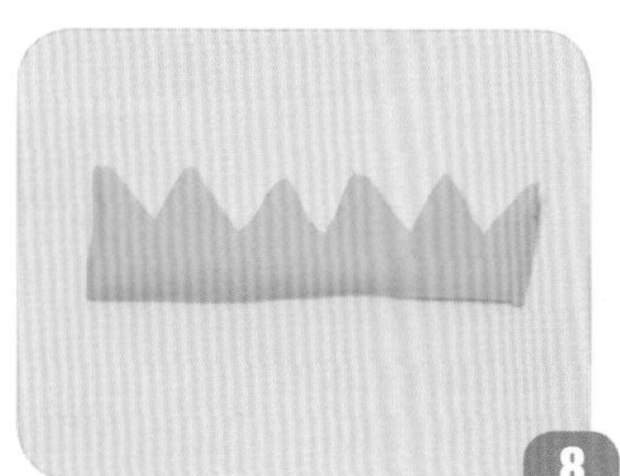

切成锯齿状。

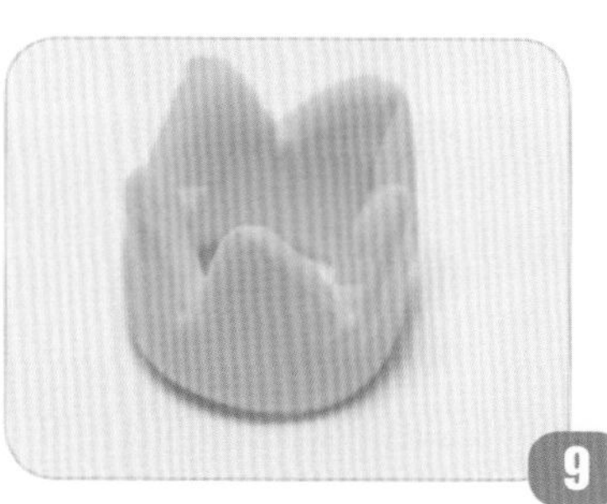

将两头黏合制成小皇冠。

将棕色黏土搓圆压扁。

11 用细节针调整成爱心形状，制成巧克力片。

12 给所有装饰物涂上亮油。

奶油的制作

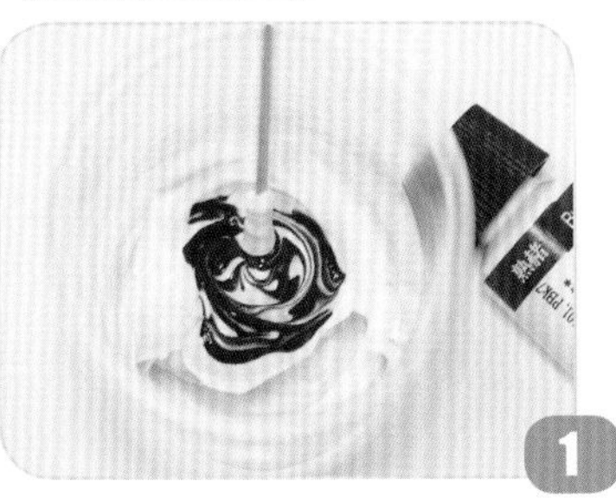

1 将棕色丙烯颜料加入奶油土中搅拌。

2 灌入裱花袋中做成双色奶油。

3 将棕色、黑色丙烯颜料加入液态酱汁中做成巧克力酱汁。

4 将白色黏土捏成三角柱状。

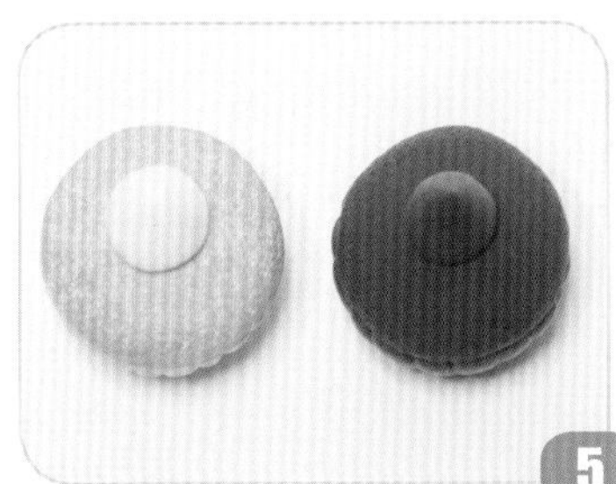

5 放在蛋糕胚中间。

6 挤上仿真奶油。

组装装饰物

1 在顶部放上装饰物。

2 纸杯蛋糕制作完成。

迷倒众人
Delicious Food

派
Pie

BY：狐渣渣

派

需要准备的黏土及工具

黏土：浅黄色、中黄色、橘黄色软陶；白色超轻黏土
工具：色粉/水彩（黄色、赭石色、棕色）、派的硅胶模具（自选项）、圆模具、亚克力压板、丸棒、细节针、镊子、小刷子/海绵、刀片、仿真果酱、亮油、成品软陶水果切片

草莓派的制作

1 取适量浅黄色软陶。

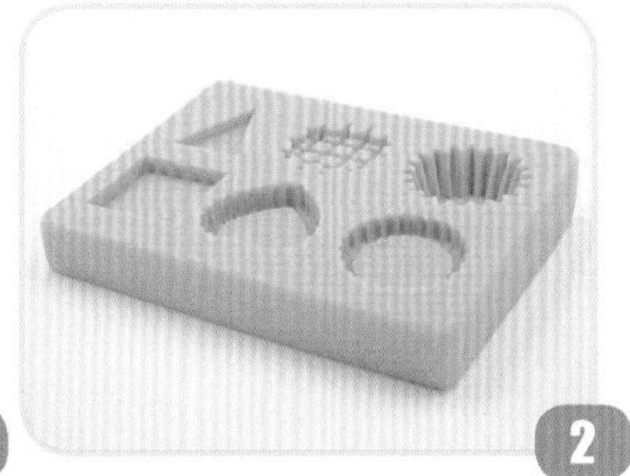

2 准备一个有派形状的模具，也可自行捏制派的底。

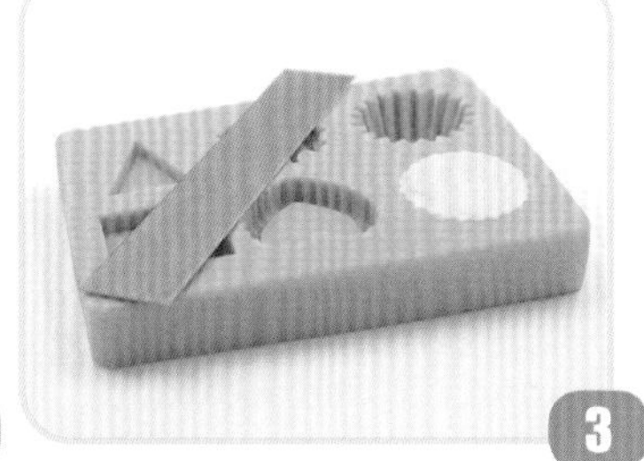

3 将软陶放进模具中充分按压使其完全契合，用刀片削去多余部分。

4 小心取出成型的软陶，然后用细节针调整形态和细节。

5 如图用色粉/水彩进行局部上色，使其达到仿真效果，烤干备用。

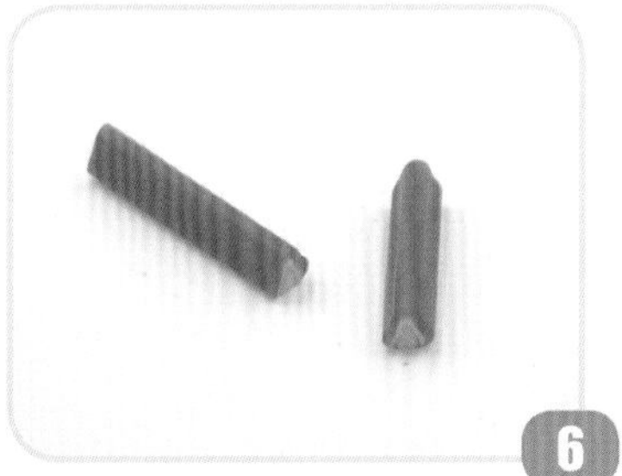

6 准备一个成品软陶水果切片。

7 用刀片将其切出若干个约1毫米厚的切片。

8 将少量白色超轻黏土用丸棒按压进做好的派中，也可用胶固定。

9 挤出足量的仿真果酱。

芒果派的制作

10
用细节针将果酱涂抹均匀，完全盖住白色黏土即可。

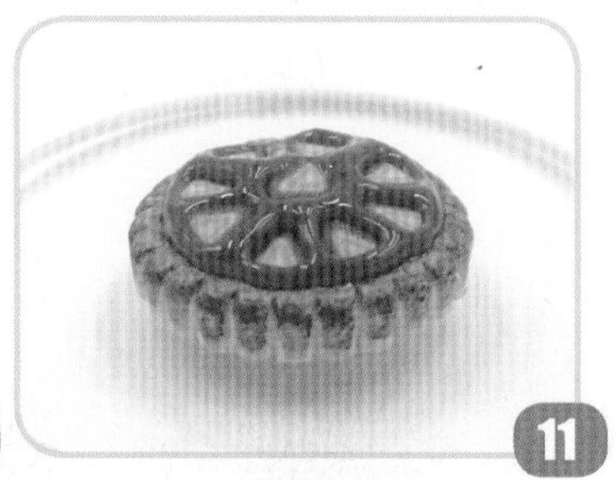
11
将水果切片规律地摆放在果酱上，放在一旁待其晾干。

1
重新制作一个派的底，方法见步骤1~5.

2
取适量中黄色软陶。

3
用丸棒按压进做好的派中。

4
将橘黄色软陶压扁后烤干，切成小立方体制成芒果块。

5
用镊子将小芒果块不规则地压入派上。

6
烤干后刷亮油。

7
将少量浅黄色软陶压扁。

8
切成宽度相同的长条。

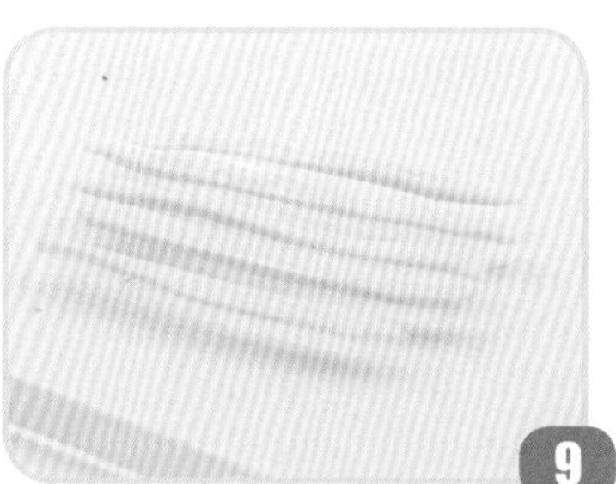
9
先将几个长条横向摆开。

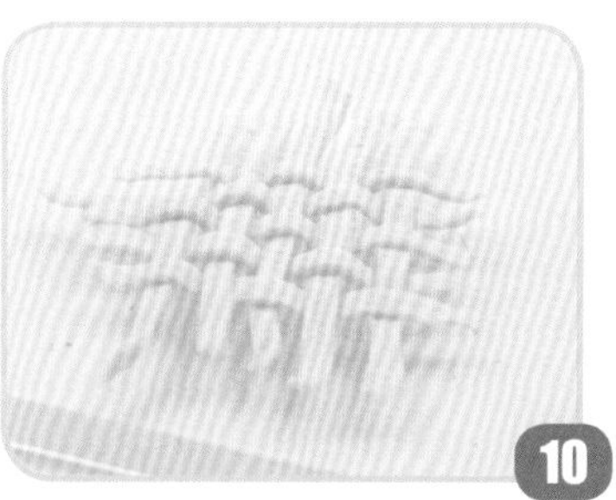
10
然后依次编入剩下的长条，做成编织状的派顶。

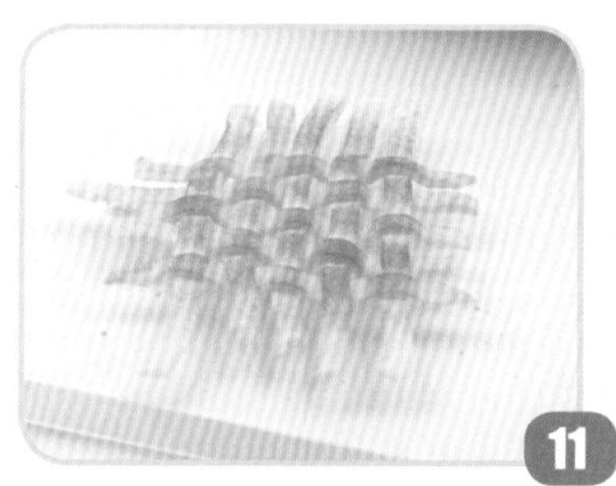
11
如图所示，为派顶进行局部上色。

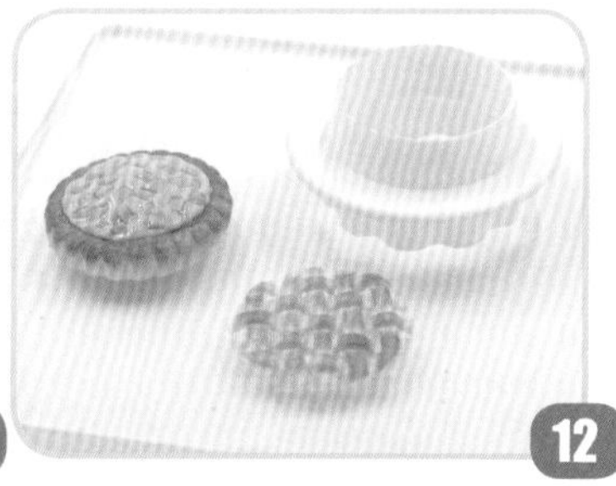
12
用和派顶大小相似的圆模具压出圆形的派顶。

13
将派顶和派进行组合，然后烤干。

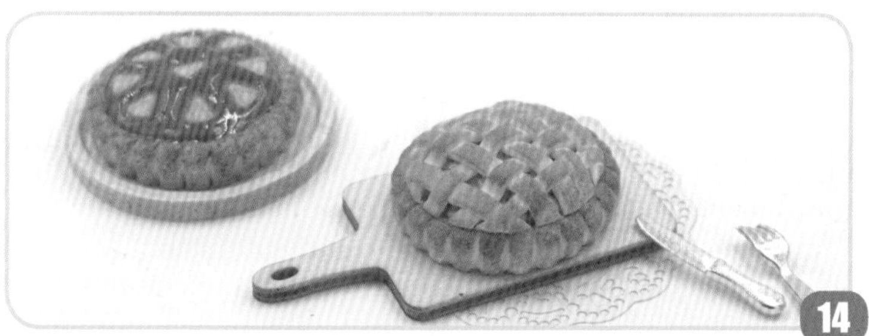
14
装入容器，制作完成。

荷花酥
Lotus Crisp

BY：张小瑜

荷花酥

需要准备的黏土及工具

黏土：白色、豆沙色、米色、花生色、粉色、翠绿色、浅土黄色、深绿色软陶
工具：爽身粉、UV滴胶、压板、刀片、开眼刀

第一朵的制作

1 将豆沙色软陶搓圆。

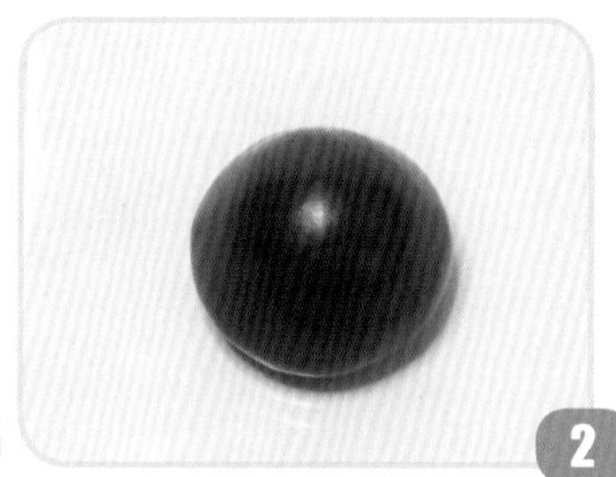

2 压成馒头形。

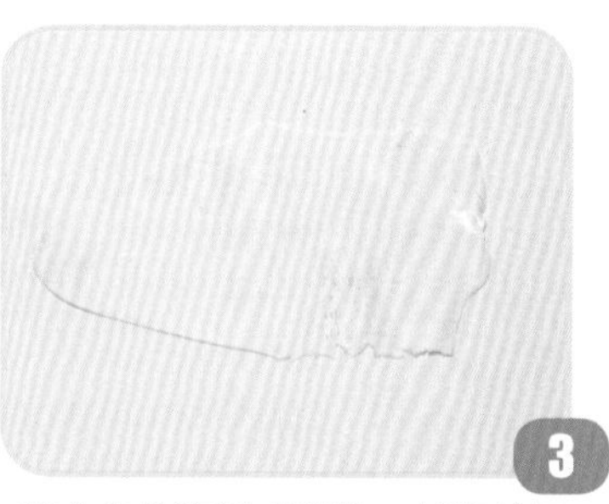

3 将白色软陶擀成薄片，越薄越好。

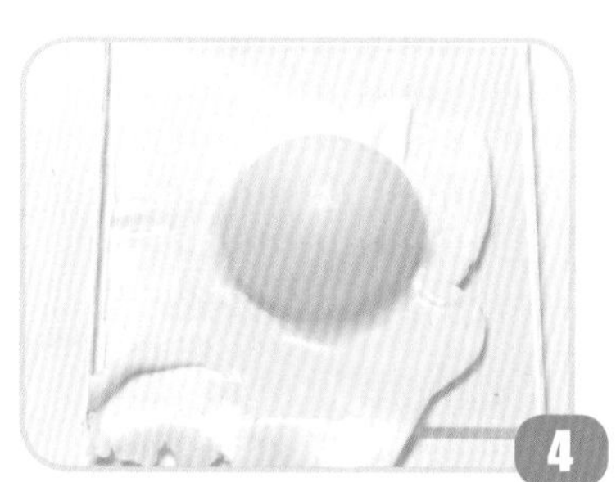

4 包裹在豆沙色软陶上。

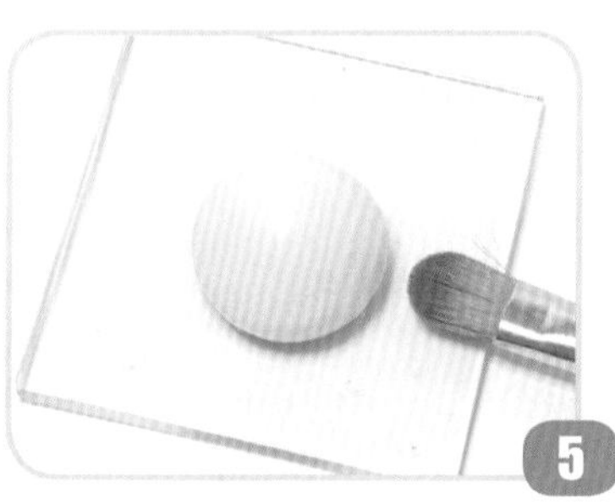

5 完成后刷一层爽身粉。

6 将粉色软陶擀成薄片。

7 包裹在刷有爽身粉的白色软陶上。

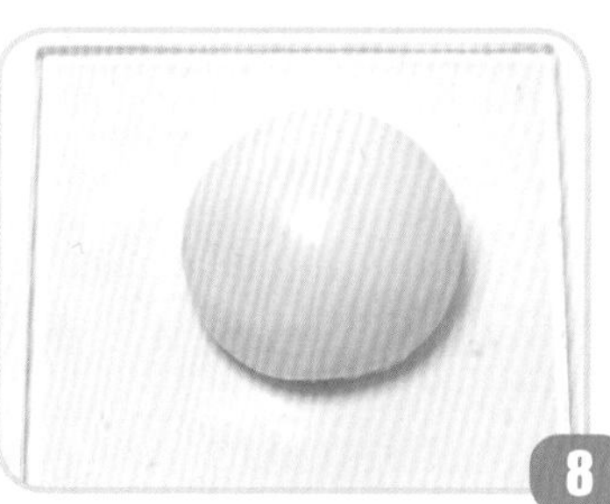

8 重复上述步骤再包裹5层白色软陶薄片，每一次都刷爽身粉。

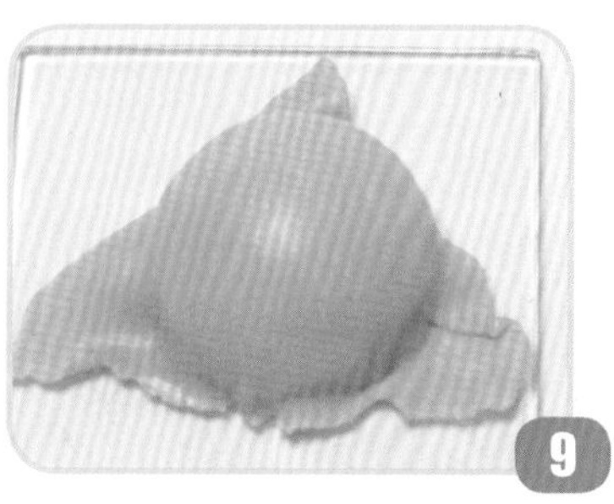

9 5层包好后再包一层粉色软陶。

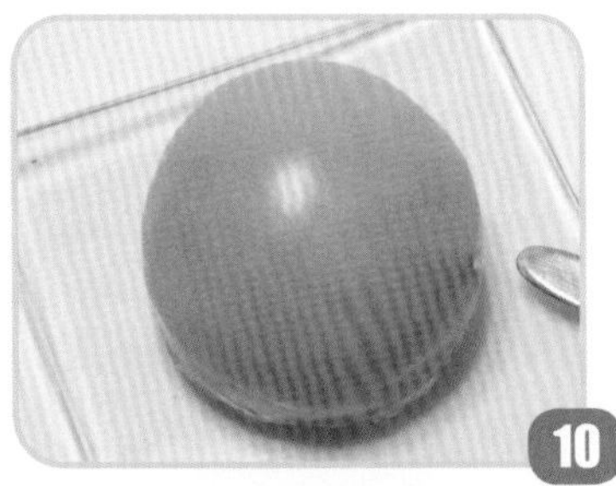
10
连续包裹3层粉色软陶后，将表面抹平。

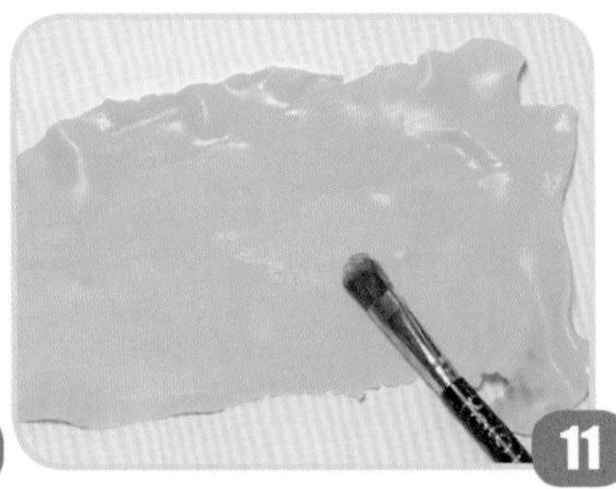
11
将绿色软陶擀平，刷上爽身粉。

12
包在粉色软陶上面，连续包5层。

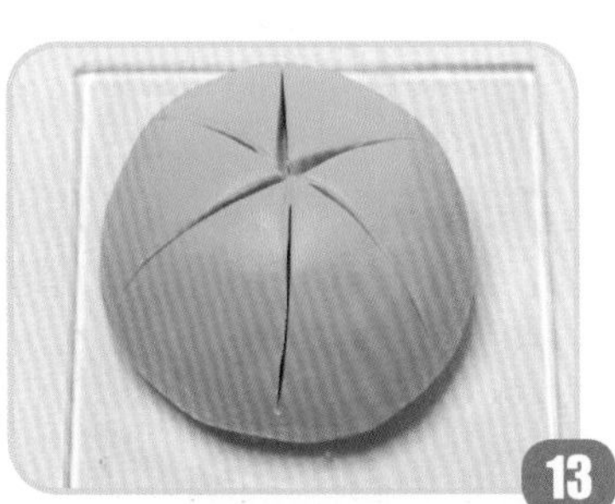
13
对等切开六份。

14
调整细节。

第二朵的制作

1
将浅土黄色软陶搓圆。

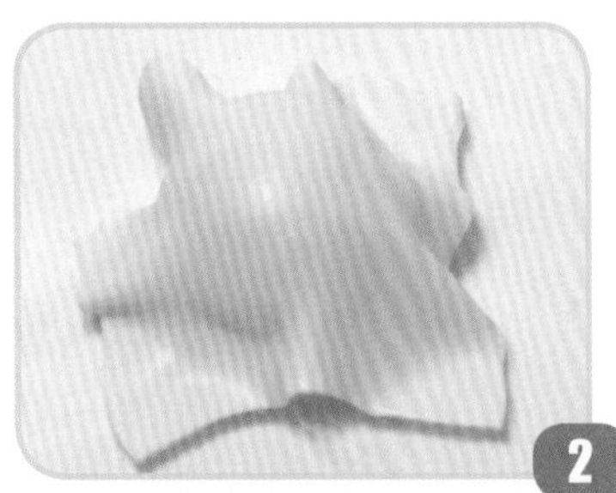
2
将米色软陶擀成薄片，包裹在上面。

3
按照制作第一朵的步骤，在最外层包裹粉色软陶。

4
切开调整。

将深绿色软陶压扁。

画出荷叶纹路。

划出细节纹路。

沿边缘捏出波浪形。

将UV滴胶在荷叶上做出水珠状。

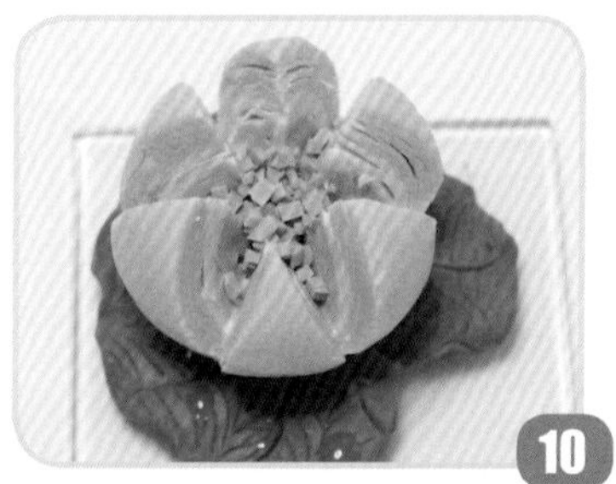

取一小块花生色软陶切碎。

放在做好的荷花酥上，制作完成。

和果子

Wagashi

BY：Miss.Ying莹

和果子

需要准备的黏土及工具

黏土：白色、透明白色、绿色、红色、黄色、黑色软陶
工具：色粉（浅蓝色、粉色、黄色）、胶水、细节针、笔刷、刀片、压痕笔、仿真椰蓉、爽身粉、亮油、热风枪

兔子和果子的制作

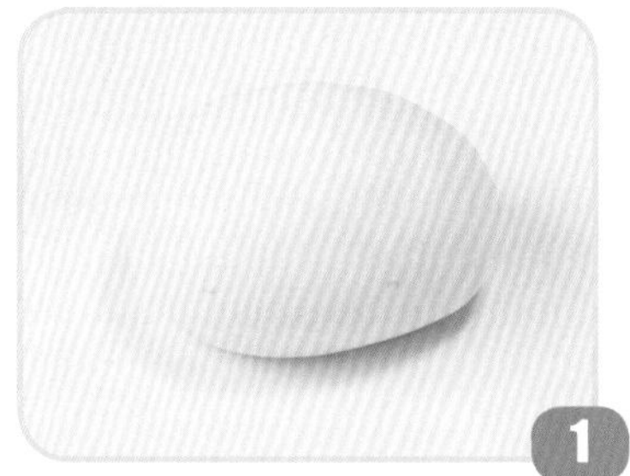
1 将白色软陶搓成椭圆形。

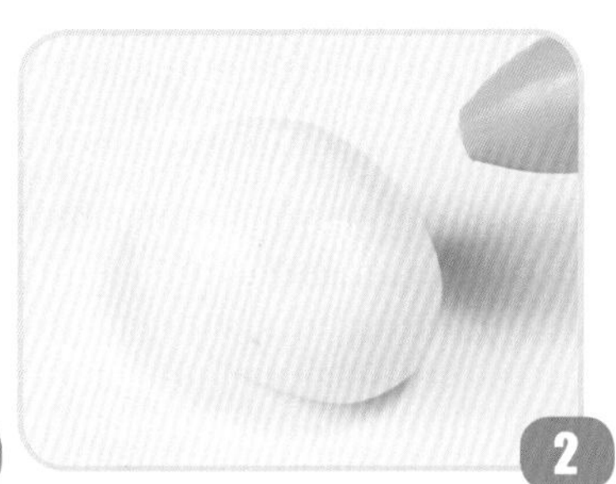
2 在表面抹上一层白乳胶。

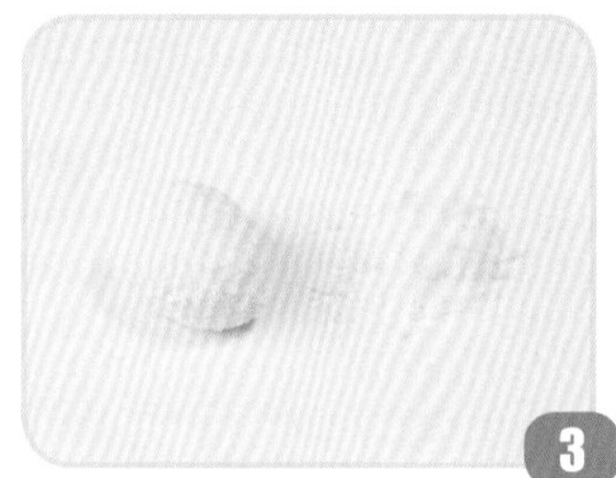
3 沾上一层仿真椰蓉。

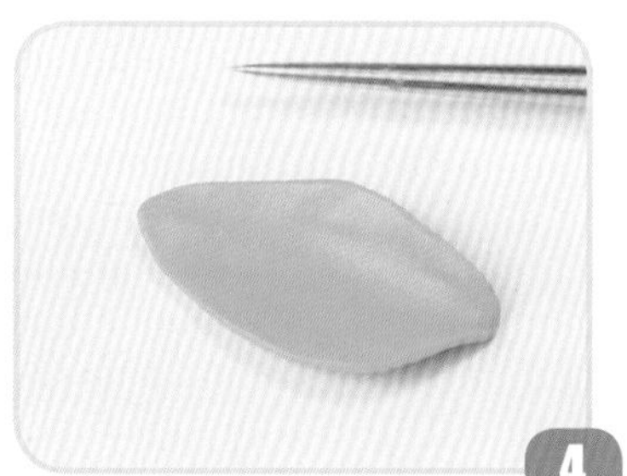
4 将绿色软陶压成叶子的形状。

5 用细节针划出叶子的纹路。

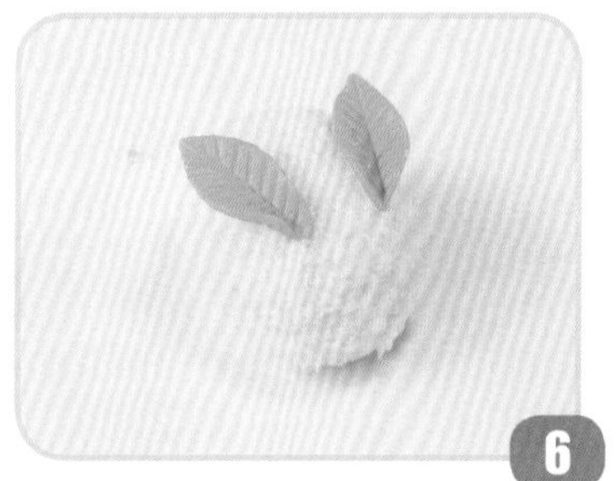
6 制作两片小叶子粘在兔子耳朵的位置。

7 用红色软陶搓两个小球粘在眼睛的位置上，兔子制作完成。

花形和果子的制作

1 将白色软陶和透明白色软陶混合。

2 搓圆压扁。

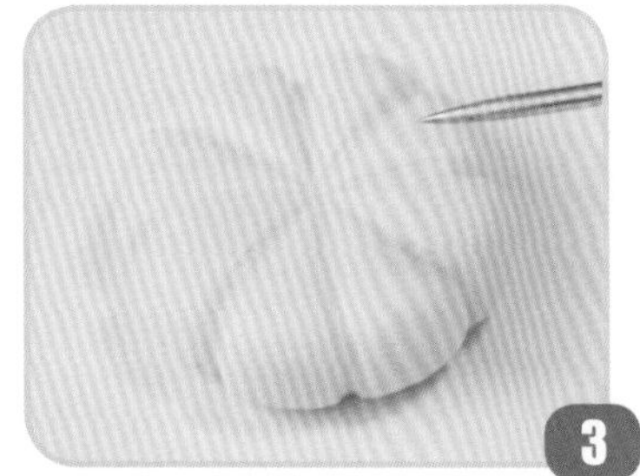
用细节针划出8瓣。

用浅蓝色色粉取3瓣上色。

用粉色色粉取3瓣上色。

用笔刷蘸取黄色色粉给其余花瓣上色，制作完成。

粉色花和果子的制作

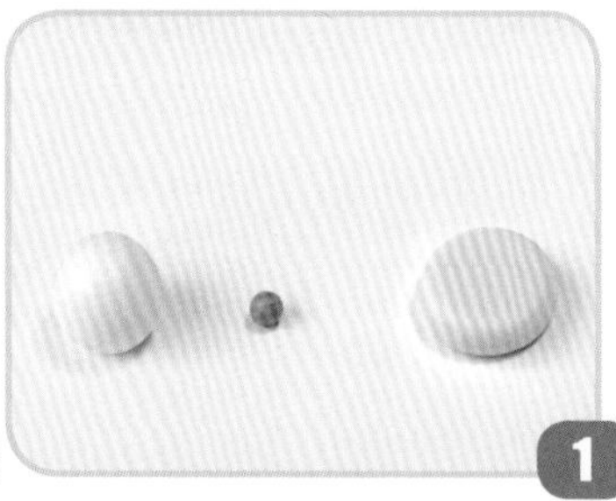
将白色和少量粉色软陶混合成浅粉色软陶球，压扁。

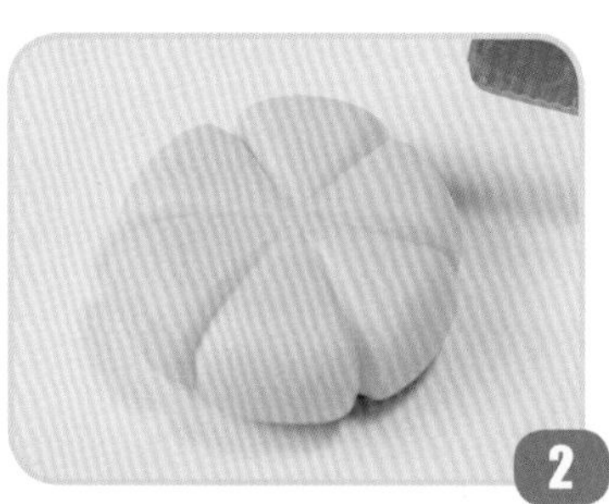
用刀片划出5瓣。

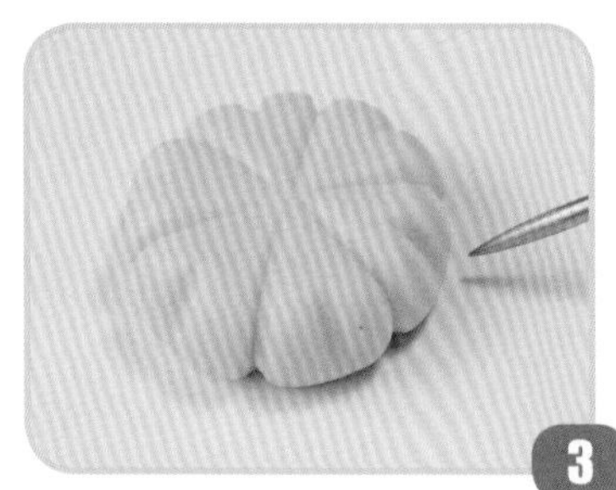
如图所示，用细节针在每一瓣边缘压出凹痕。

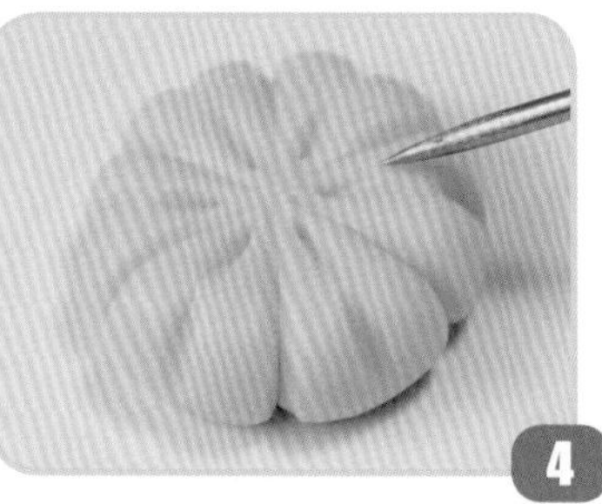
用细节针在每一瓣中间压出凹痕。

将黄色软陶搓成小球粘在花蕊的位置，制作完成。

樱花和果子的制作

1
将白色和少量绿色软陶混合成浅绿色软陶。

2
搓成团子状，表面抹上一层胶水，用大刷子蘸爽身粉撒上去。

3
将浅粉色软陶搓5个小球。

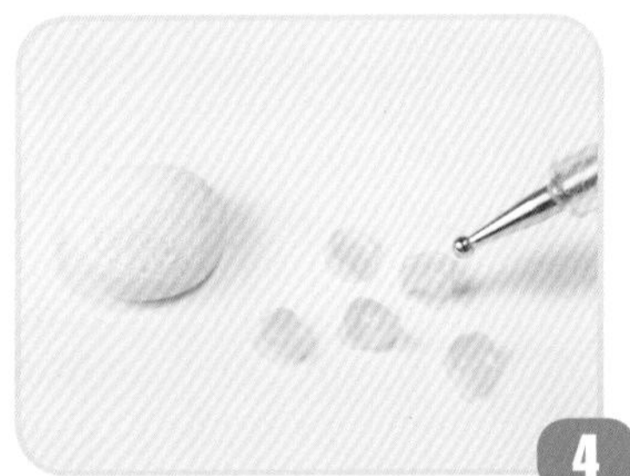
4
用压痕笔压成花瓣状。

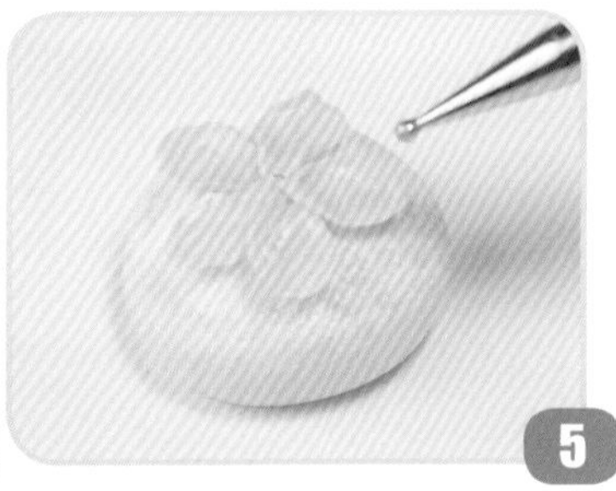
5
将5个花瓣黏合成花朵的形状粘在团子的中间。

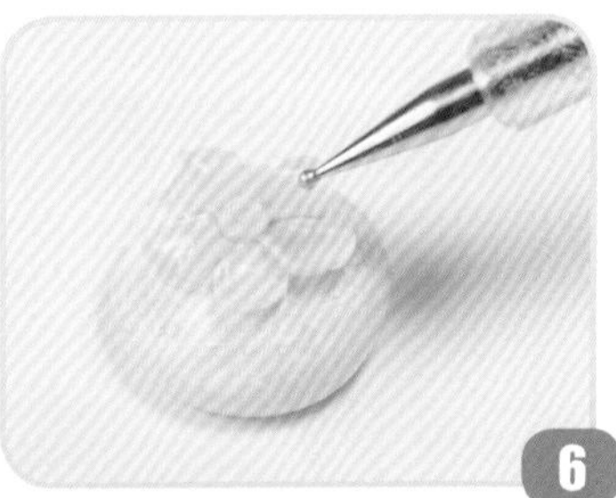
6
将黄色软陶搓成小球压扁，粘在花蕊的位置。

7
将黑色软陶擀平，弯曲长刀片切成扇形，然后切两条长方形黏合在底部。

8
用热风枪吹干定型后刷一层亮油。

9
和果子用热风枪吹干定型后装盘完成。

冰激凌
Ice Cream

BY：狐渣渣

冰激凌

需要准备的黏土及工具

黏土：白色、黄色、泥土色纸黏土；大红色、蓝色、绿色超轻黏土
工具：色粉（黄色、赭石色、棕色）、格子纹路模具（可自制）、亚克力压板、小刷子、细节剪、牙刷、七本针、仿真果酱

蛋卷的制作

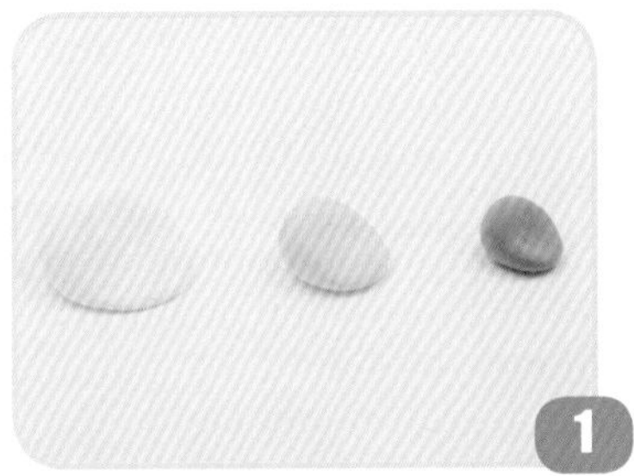
1 取白色、黄色和泥土色纸黏土，比例约为5:2:1，也可适量改变比例。

2 混合均匀调出自己需要的“蛋筒”底色。

3 拿出格子纹路模具（可用软陶或翻模树脂土自制）。

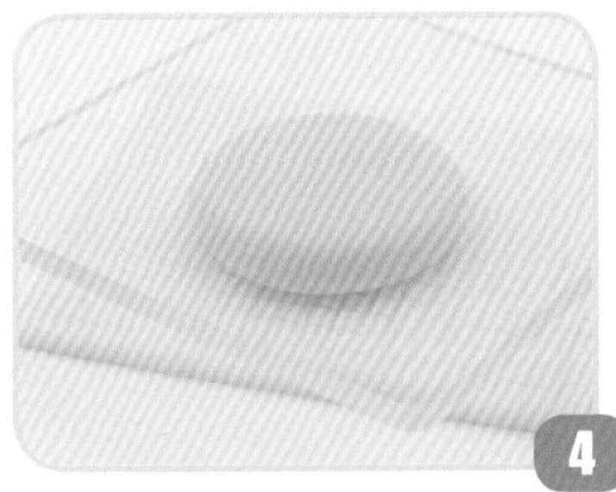
4 将黏土搓圆放在模具上，用亚克力板压制。

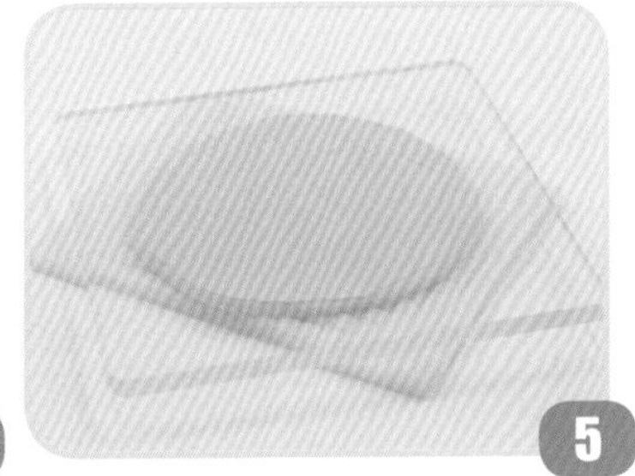
5 压成薄片。

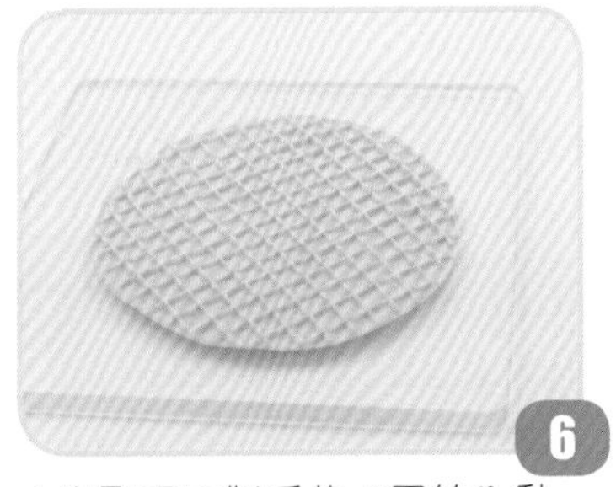
6 小心取下压制后的“蛋筒”黏土，调整边缘并放置几分钟，待其稍稍晾干。

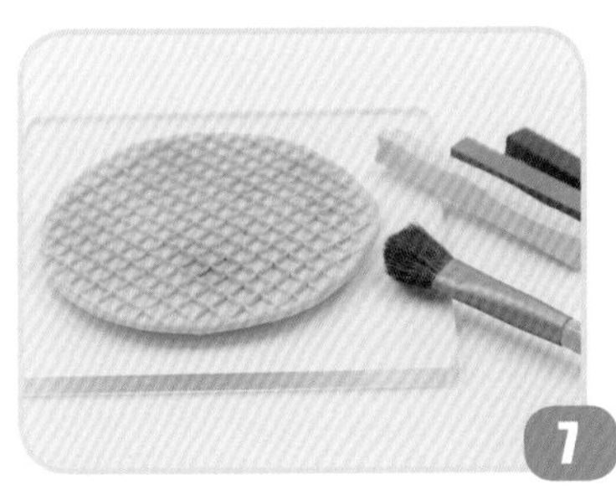
7 用刷子蘸取黄色色粉给“蛋筒”进行局部上色，从而达到仿真效果。

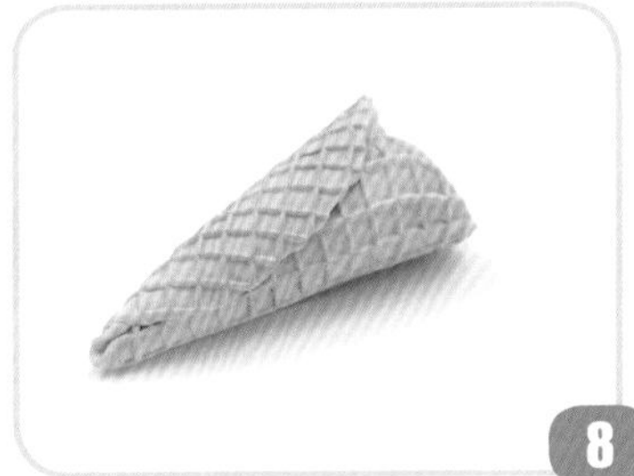
8 圈起蛋筒放在一旁备用。

冰激凌的制作

1 取白色纸黏土。

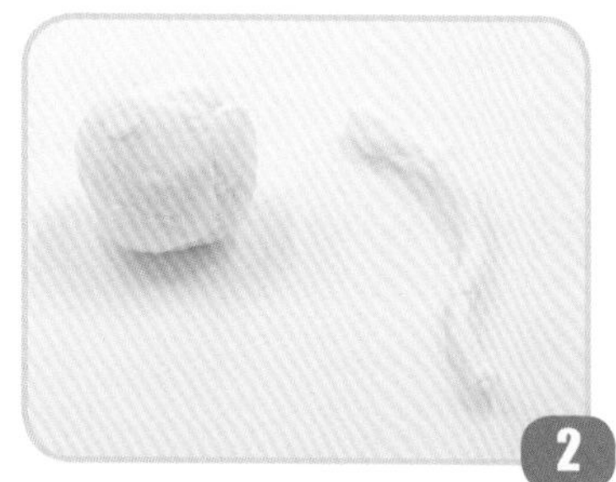

2

将其搓成一个不规则的圆球和一个随意的不规则长条。

3

将长条盘在圆球底部，做出奶油冰激凌。

4

用七本针和牙刷扎出冰激凌球的纹理。

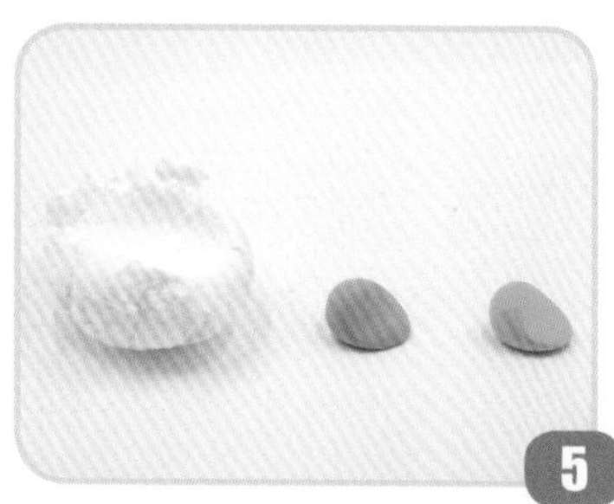

5

取白色纸黏土和少量蓝色、绿色超轻黏土。

6

混合均匀调出薄荷绿色的黏土团。

7

按照步骤2~4做出薄荷绿色的冰激凌球。

8

取白色纸黏土和少量大红色超轻黏土。

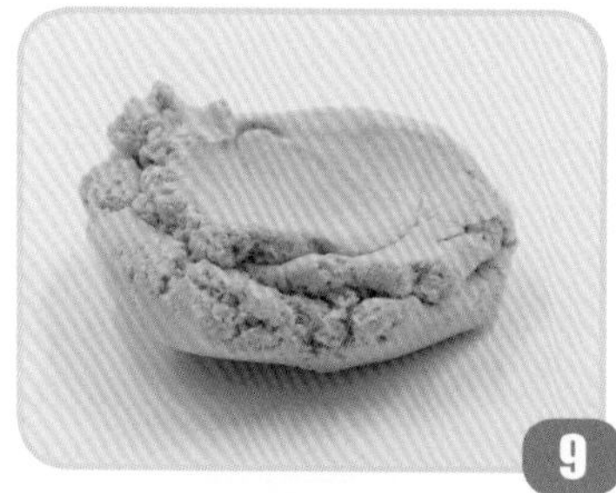

9

混合均匀调出浅粉色黏土团。

10

按照步骤2~4做出草莓味的浅粉色冰激凌球。

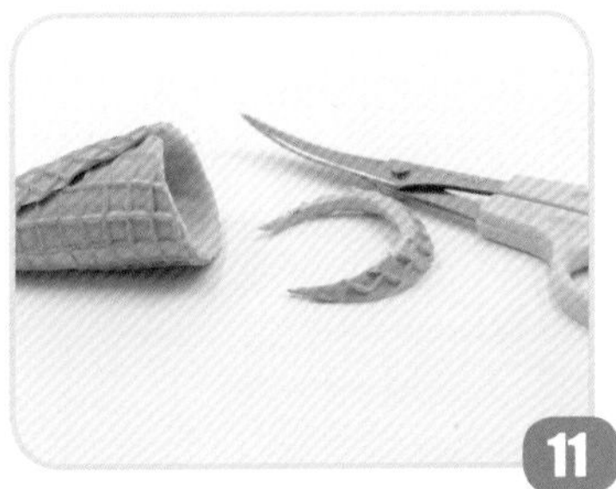

11 用细节剪剪出蛋筒不规则边缘。

12 将草莓冰激凌球与蛋筒组合（可用白乳胶黏合）。

13 将薄荷冰激凌球与草莓冰激凌球进行黏合。

14 将奶油冰激凌球与薄荷冰激凌球进行黏合。

装饰物的制作

1 剪碎刚刚剪下后晾干的蛋筒边缘，制成花生碎，放在一旁备用。

2 在冰激凌球顶部挤出任意颜色的仿真果酱。

3 果酱边缘模仿果酱流下的形态。

4 在冰激凌顶部撒上花生碎。

5 制作完成。

瑞士卷

Swiss Roll

BY：张小瑜

瑞士卷

需要准备的黏土及工具

黏土：粉色、白色、浅黄色纸黏土
工具：白色色粉、擀棒、压板、刀片、毛刷

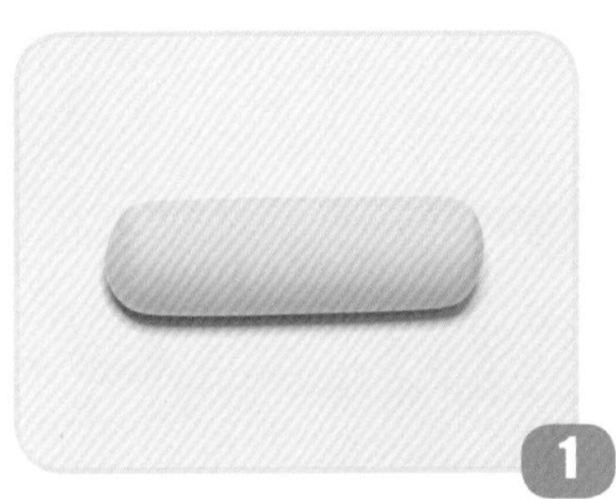

1 将浅黄色纸黏土搓成长条。

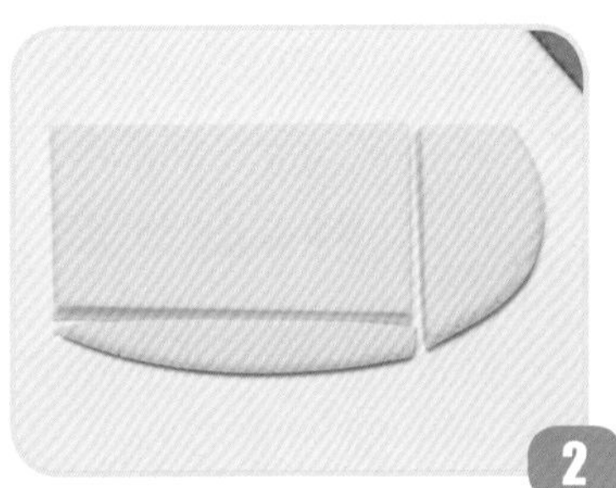

2 压扁切出长方形。

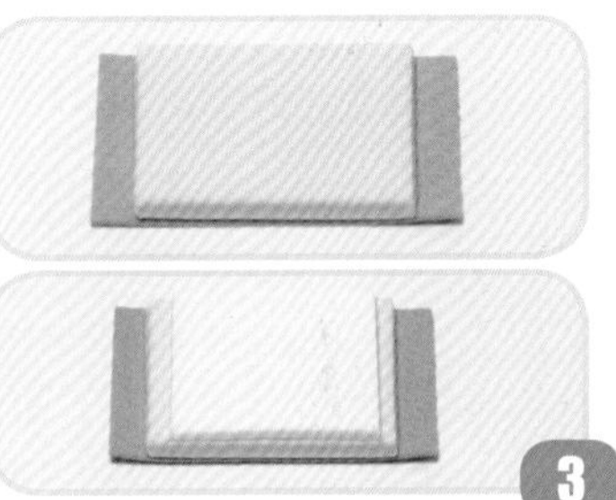

3 同步骤按图示大小比例做出粉色长方形和白色长方形薄片。

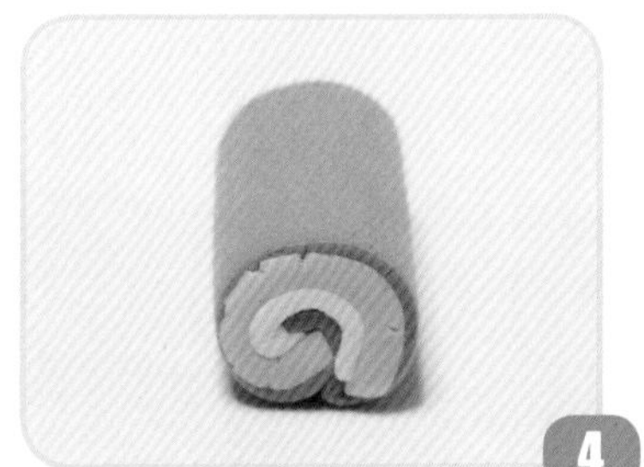

4 中间黏合白色薄片，卷起。

5 调整形状，切下两头，用毛刷刷出纹理。

6 在表面撒上白色色粉。

7 放上草莓配件（步骤见第34页草莓的制作）。

8 重复上面的步骤制作两枚瑞士卷。

9 将两端切下的瑞士卷也同样制作出纹理，瑞士卷制作完成。

紫薯
山药糕
Purple
Yam Cake
BY：张小瑜

紫薯山药糕

需要准备的黏土及工具

黏土：紫色、白色超轻黏土
工具：细节针、压板、毛刷、金色色粉

1 将紫色黏土搓圆。

2 用压板压成扁圆柱状。

3 用细节针压出花边。

4 重复上述步骤再制作一个紫色饼和一个白色饼，隔色重叠。

5 用毛刷在表面戳出纹路。

6 取少量紫色黏土将两头搓尖，做出8瓣。

7 放在做好的糕体上，用细节针在花瓣上压痕。

8 在花朵中间用紫色的圆球做出花心。

9 在花的位置刷上金色色粉完成紫薯山药糕的制作。

鲷鱼烧
Taiyaki
BY：Miss.Ying莹

鲷鱼烧

需要准备的黏土及工具

黏土：白色、黄色、深红色软陶；翻模土
工具：细节针、压痕笔、笔刀、刀片、热风枪、AB硅胶、亮油、笔刷、烧烤色盘、小丸棒

将白色和黄色软陶混合。

得到浅黄色软陶，捏成扁的椭圆形。

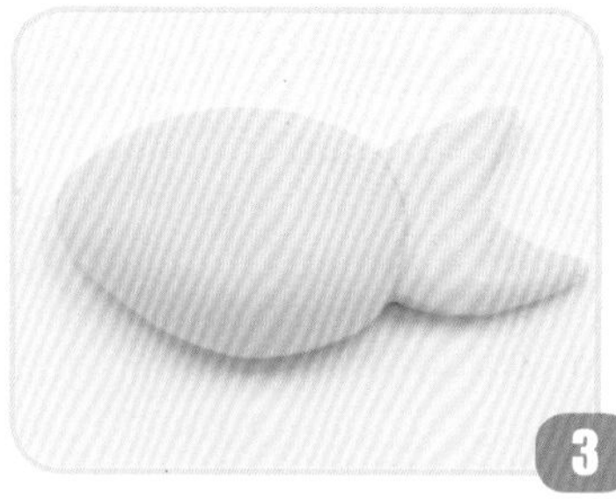

再取一块浅黄色软陶，剪出鱼尾的形状，黏合在鱼尾处。

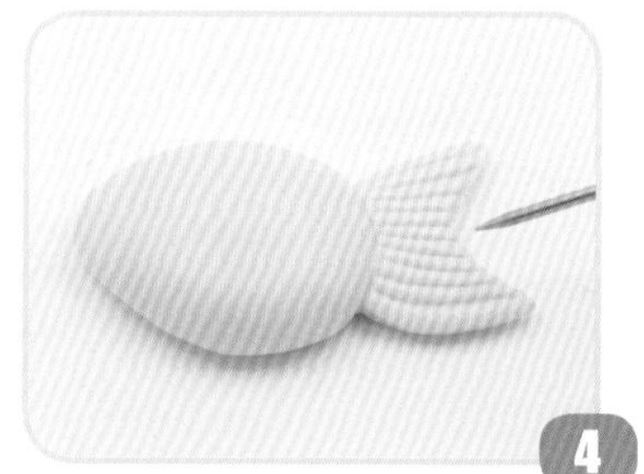

用细节针在鱼尾上划出鱼尾纹理。

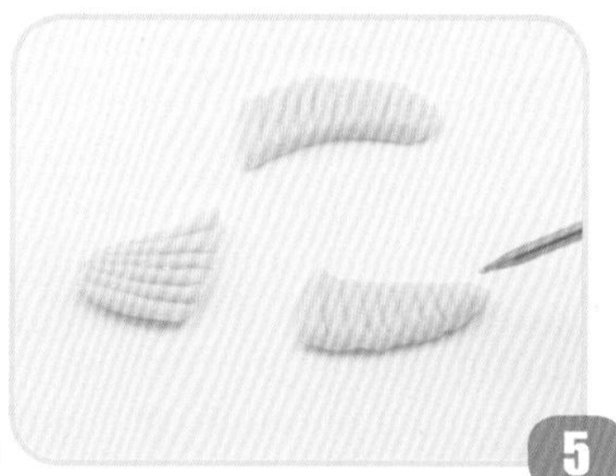

再用浅黄色软陶剪出一些鱼鳍的形状，用细节针划出纹理。

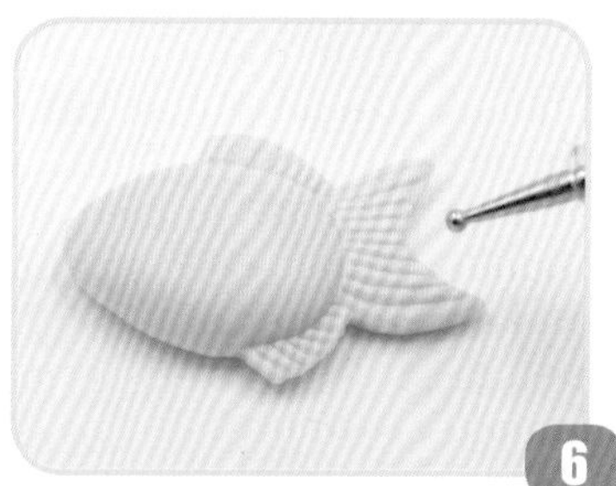

将鱼鳍黏合在鱼身上。

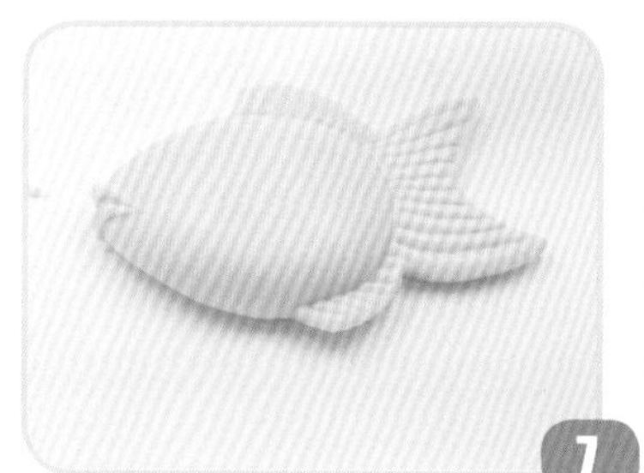

搓出细条剪切成鱼唇状，黏合。

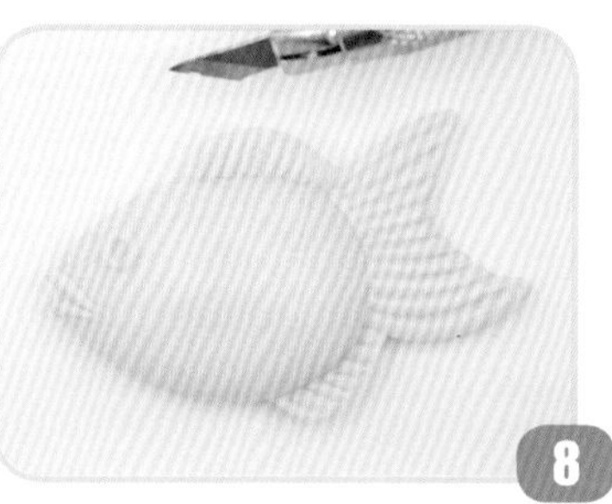

搓细条弯成小圆圈黏合在鱼眼睛处。

用细节针划出鱼鳃的线条。

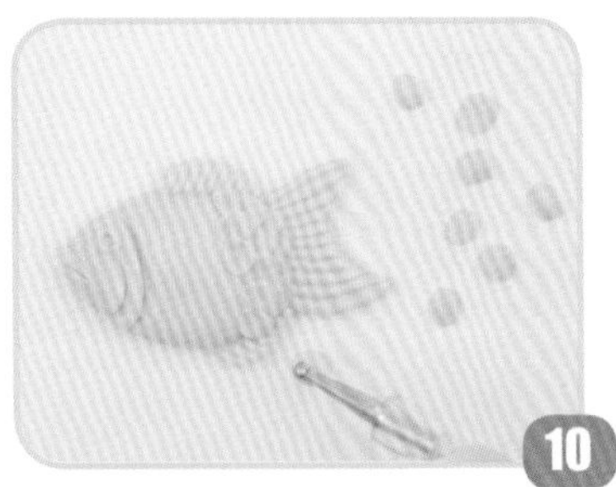
10
用浅黄色黏土搓数个同等大小的圆球压扁制作鱼鳞。

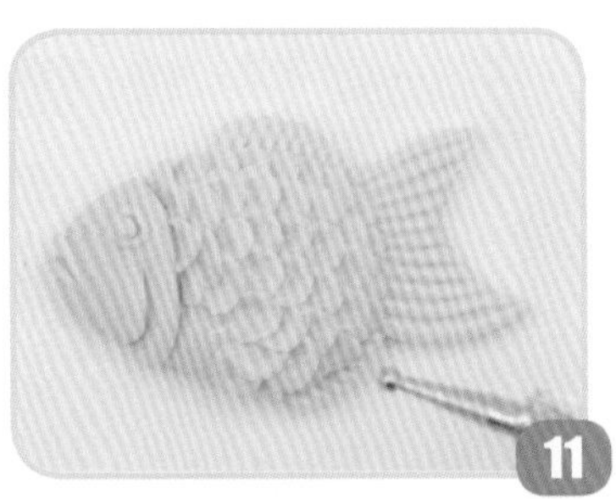
11
用小丸棒将鱼鳞一层一层从鱼尾处开始粘在鱼身上。

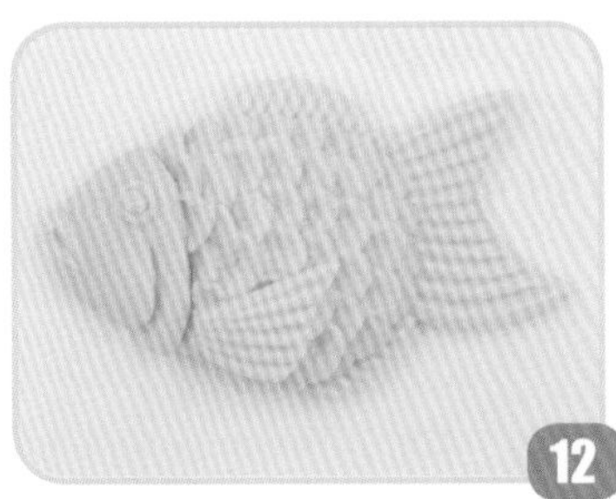
12
每一层叠加的方式把鱼身全部粘上鱼鳞后，将侧面鱼鳍覆盖在鱼鳞上。

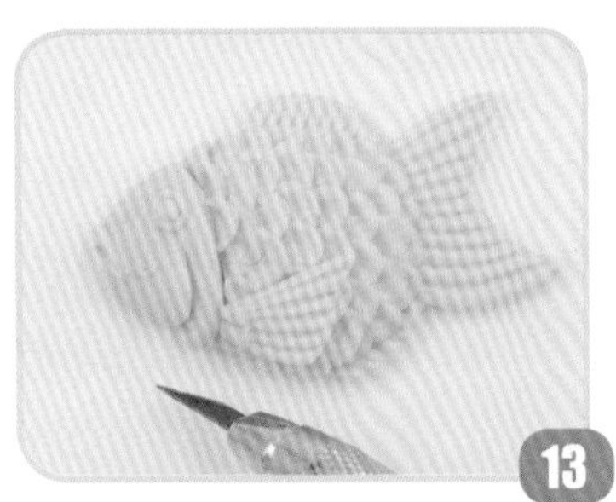
13
用浅黄色黏土搓一个细条，黏合在鱼唇处，当作胡须。

14
用热风枪烘干。

15
将AB硅胶和翻模土混合。

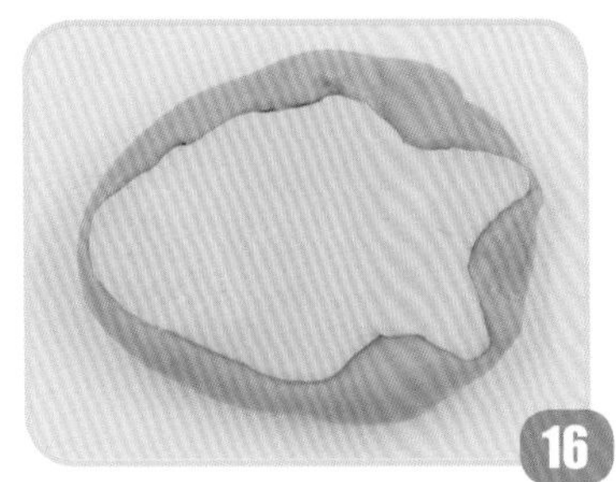
16
将烤硬的鱼形压进翻模土里。

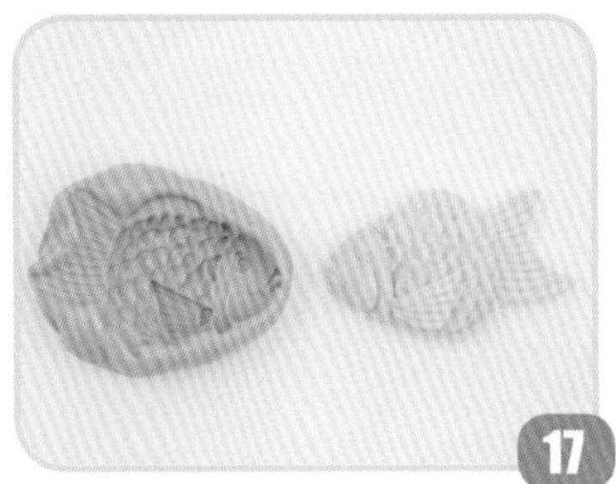
17
待干后取出。

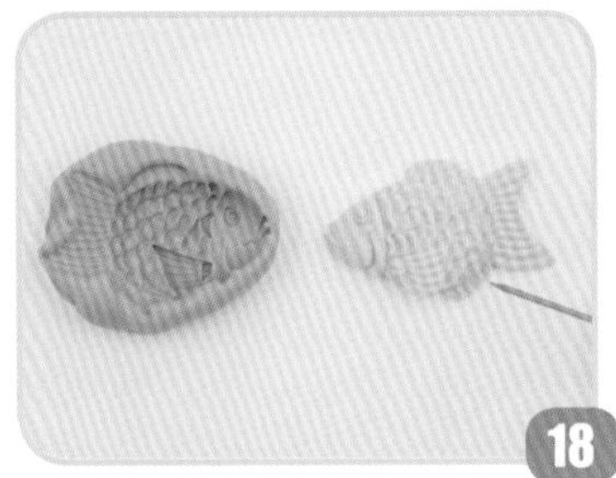
18
用同色软陶压进制作好的模具里复制鲷鱼。

19 用烧烤色给复制出的鲷鱼上色。

20 复制多个鲷鱼并上色。

21 选一只用刀从中间切开。

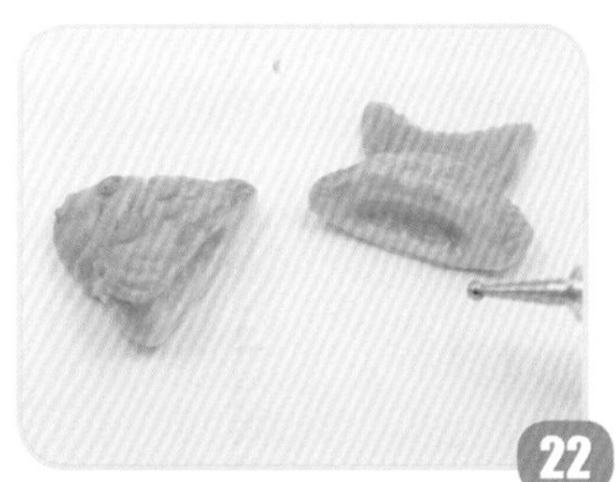
22 用小丸棒将切面戳出凹槽。

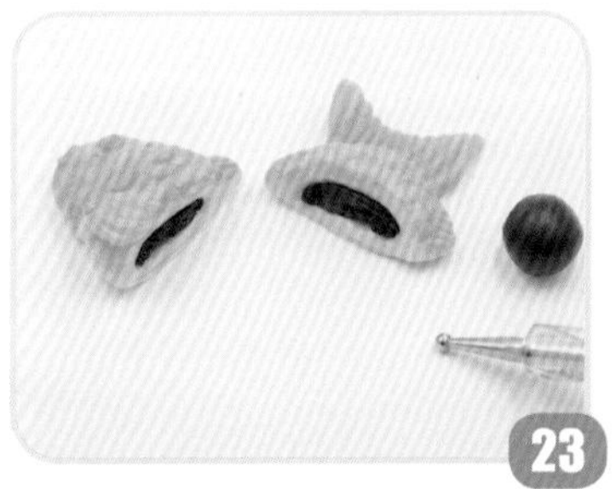
23 用深红色软陶泥压进凹槽里制作豆沙馅。

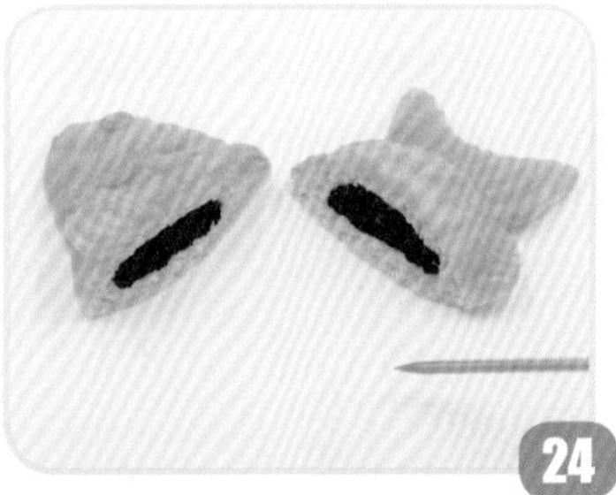
24 用细节针将豆沙馅挑出纹理。

25 烘干待冷却。

26 刷亮油。

27 鲷鱼烧制作完成。

沁心可口

Delicious& Refreshing

抹茶红豆沙

Matcha Red Bean

BY：张小瑜

01 沁心可口

抹茶红豆沙
Matcha Red Bean

需要准备的黏土及工具

黏土：白色、土黄色、豆沙色超轻黏土
工具：丙烯颜料（红色、深红色、棕色、黑色、绿色、土黄色）、UV滴胶、食玩小碗、搅拌棒、牙签、液态酱汁、毛刷、烧烤色盘、格子模具

红豆沙的制作

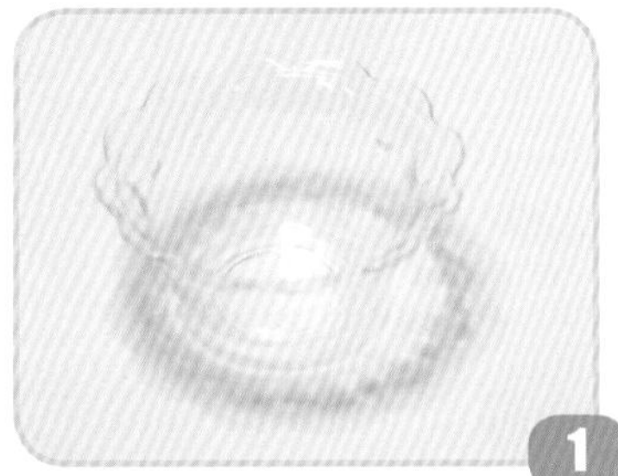
1 准备一个食玩空碗。

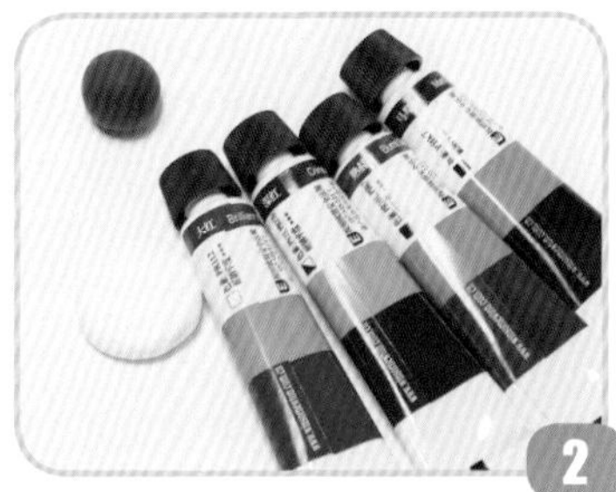
2 在白色黏土中加入红色、深红色、棕色和黑色丙烯颜料进行调色。

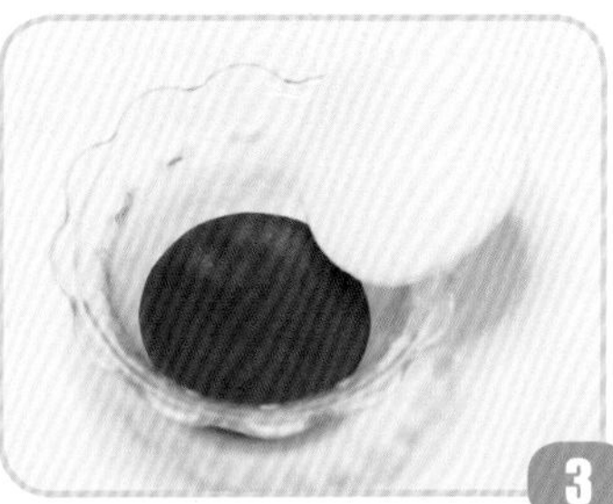
3 将豆沙色黏土铺在最下方，上面覆盖一层白色黏土。

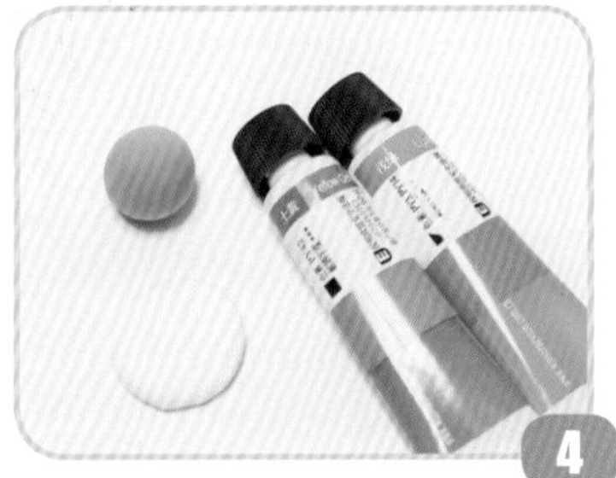
4 在白色黏土内加入土黄色和绿色丙烯颜料，调成抹茶色黏土。

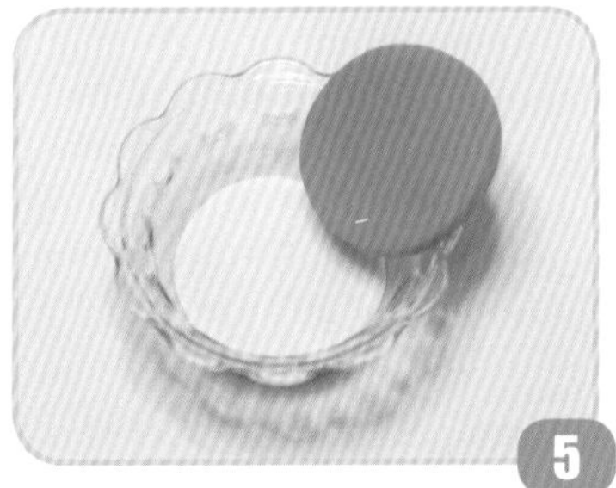
5 将抹茶色黏土盖在白色上方。

6 白色黏土和抹茶色黏土交替叠加。

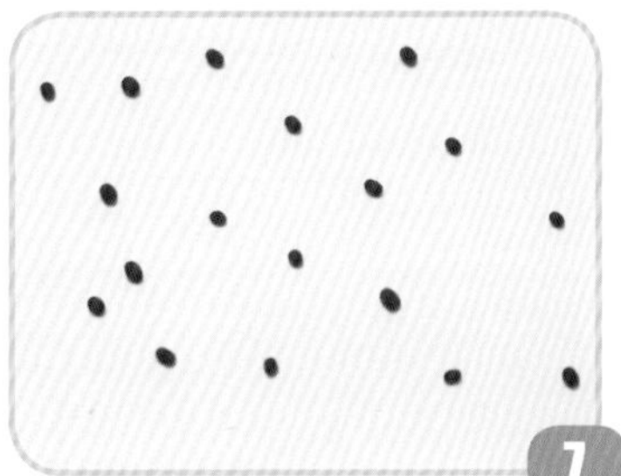
7 将豆沙色黏土搓成小粒红豆备用。

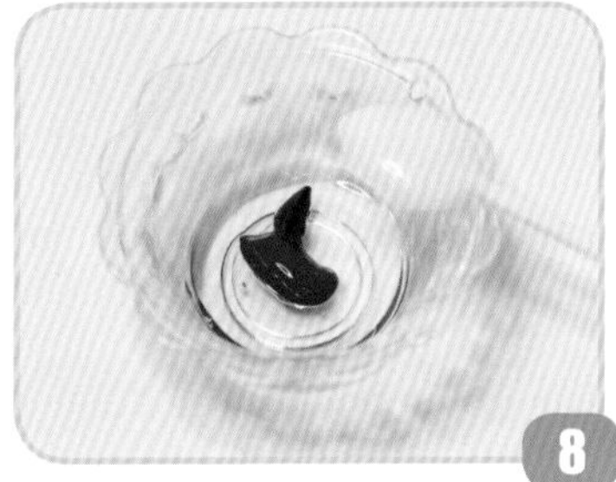
8 在UV滴胶中加入红色和棕色丙烯颜料调色。

9 把红豆和滴胶混合。

10 铺在最上方并用紫外线灯照干。

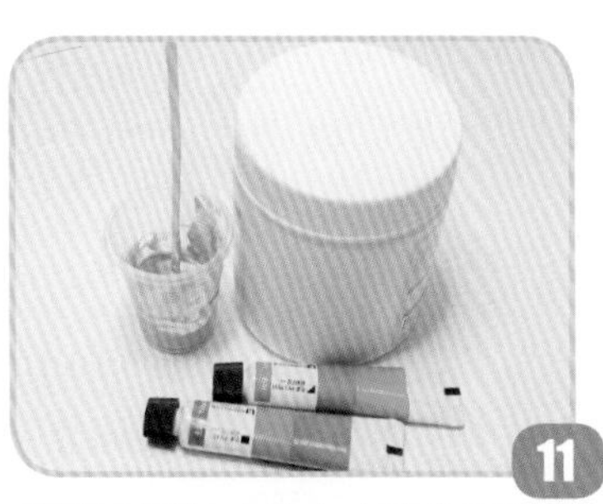
11 在液态酱汁中加入土黄色和绿色丙烯颜料和水。

12 搅拌均匀后加入冰碴，制成抹茶酱。

13 将抹茶酱铺在红豆上面。

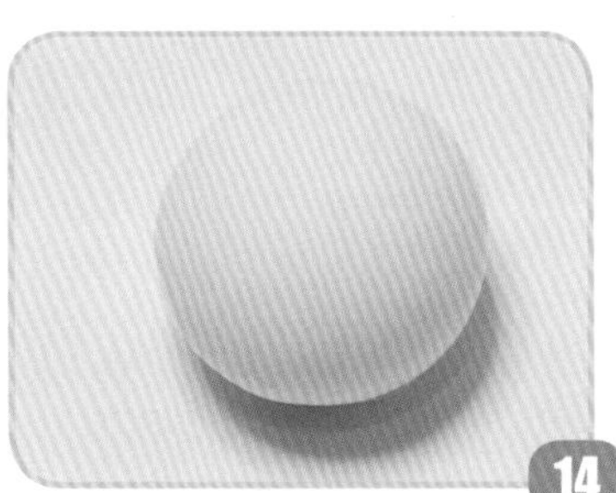
14 将白色黏土搓圆。

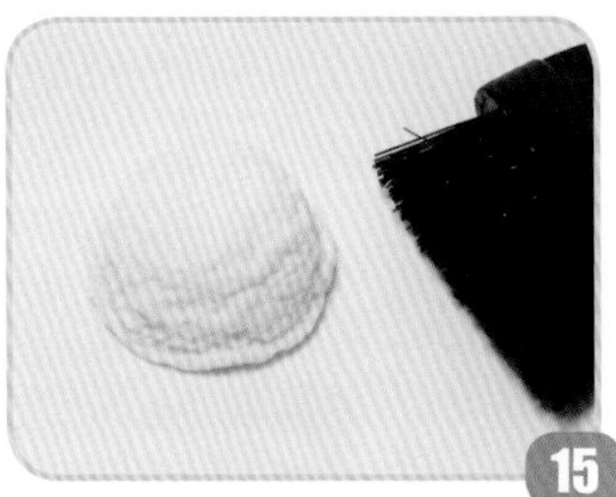
15 用毛刷扎出纹路，做成冰激凌球。

16 取适当位置摆在上面。

17 淋上刚才调好的抹茶酱。

饼干的制作

1 将土黄色黏土搓圆。

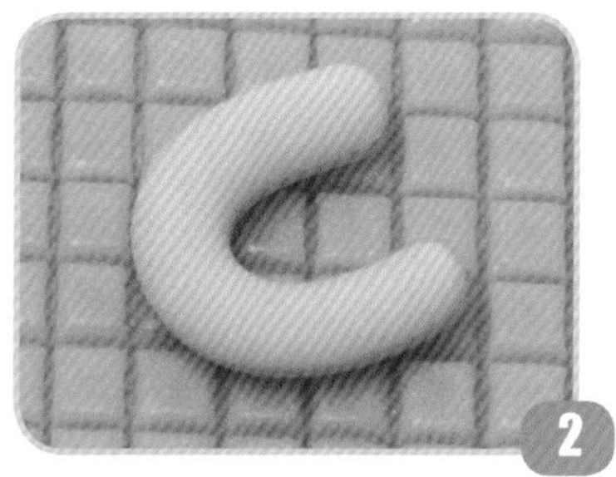

折成U形，在磨具上压出纹路。

如图所示，给小饼上色。

装饰在抹茶红豆沙中。

蛋糕的制作

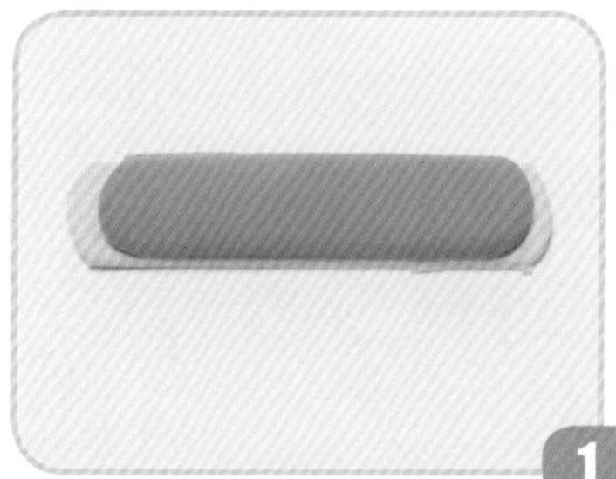

将土黄色黏土和抹茶色黏土做成长条，压扁重叠。

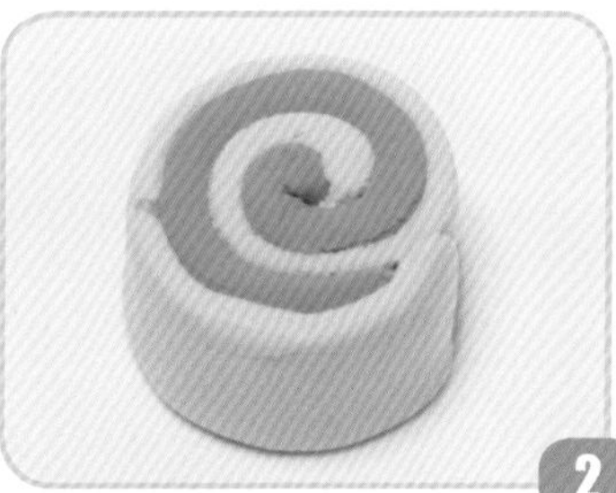

卷成蛋糕状。

用毛刷扎出纹路。

在蛋糕卷上装饰上之前制成的红豆。

将蛋糕卷放在食玩容器里。

成品完成。

双皮奶

Double-skin Milk

BY：狐渣渣

,

双皮奶

Double-skin Milk

需要准备的黏土及工具

黏土：白色、深红色、深绿色软陶
工具：食玩小碗（可自制）、uv胶/AB滴胶

取适量深红色软陶，搓成红豆的形状烤干，放在一旁备用（注意红豆与整体的大小比例）。

拿出白色软陶，食玩小碗（可自制），UV胶/AB滴胶。

将白色软陶放入小碗中，将表面抹平，涂上一层UV胶/AB滴胶。

摆上一层准备好的红豆软陶，晾干后在此涂抹胶水，放上第二层红豆，使其更有层次感。

用绿色软陶制作薄荷叶（注意薄荷叶与整体的比例）。

粘上薄荷页，制作完成。

乌云冰激凌
Dark Cloud Ice Cream

BY：张小瑜

乌云冰激凌
Dark Cloud Ice Cream

需要准备的黏土及工具

黏土：白色、黄色、土黄色超轻黏土；奶油土
工具：丙烯颜料（棕色、黑色）、色粉（红色、黑色、蓝色）、色精（粉色）、液态酱汁、一次性纸杯、水、搅拌棒、空盒子、细节针、剪刀、格子模具、仿真果酱、棉花、冰粒

灰色冰激凌的制作

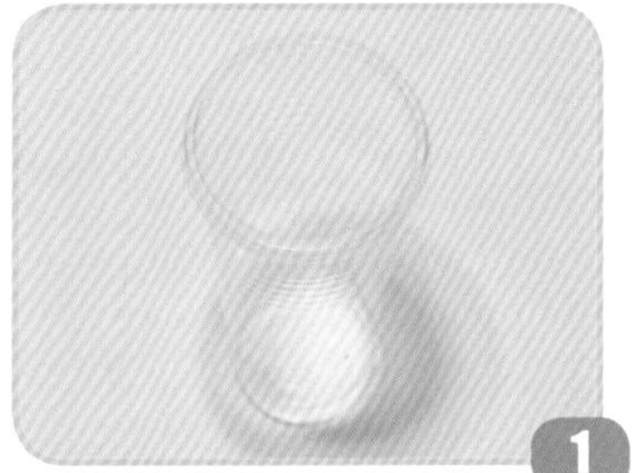
1 准备一个空杯子。

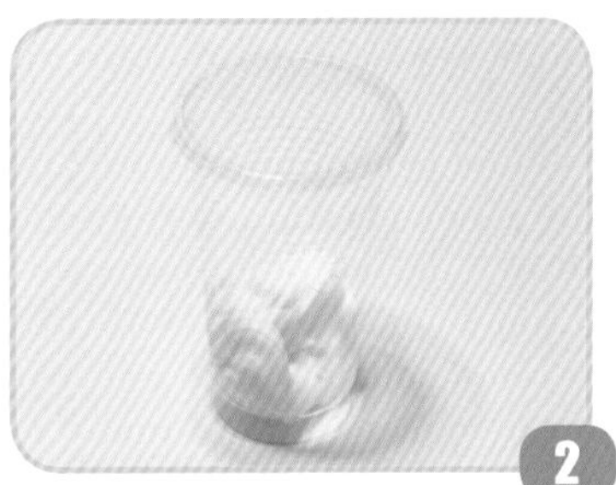
2 将白色黏土放在杯子里。

3 将果酱随机挤在杯子里。

4 将液态酱汁加入棕色和黑色丙烯颜料搅拌。

5 把做好的酱汁铺在上面。

6 挤上奶油土。

7 找一个空盒子放入棉花。

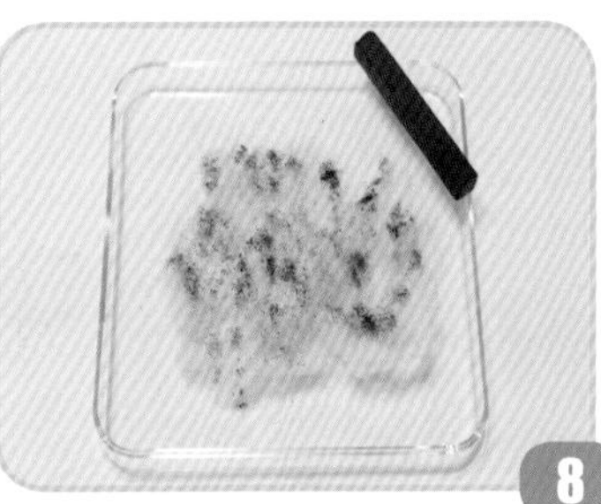
8 取黑色色粉刮在棉花上。

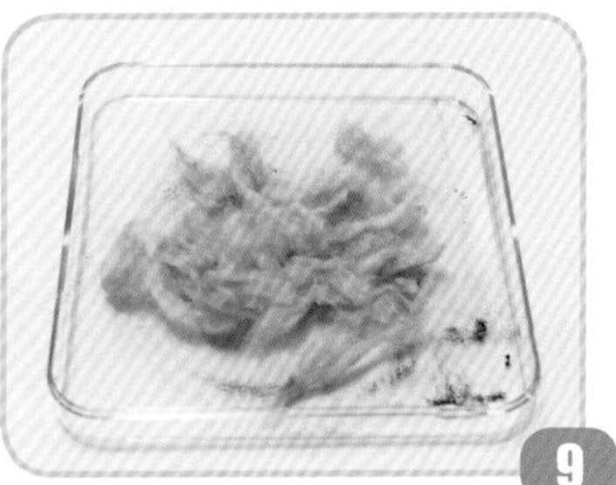
9 将色粉和棉花均匀混合。

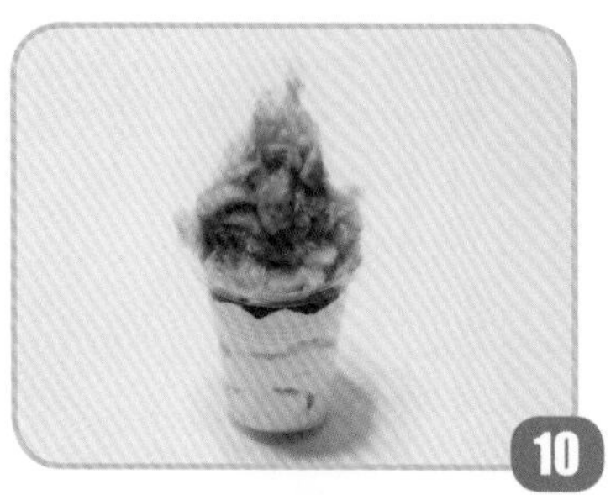
10
把混合好的乌云棉花粘在奶油土上面。

11
取黄色黏土压平。

12
用细节针画出闪电的形状。

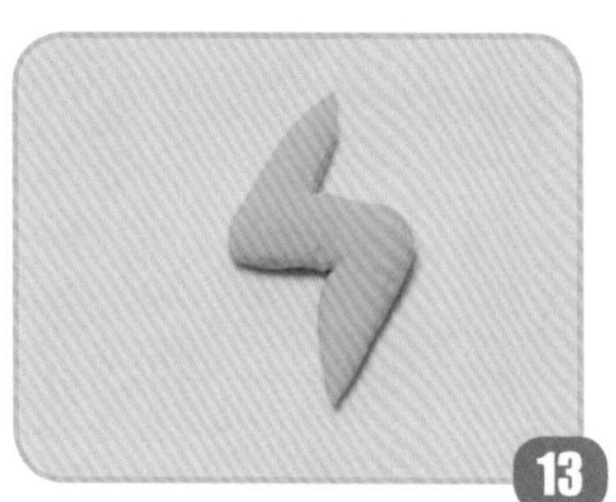
13
用剪刀将闪电的形状剪下来。

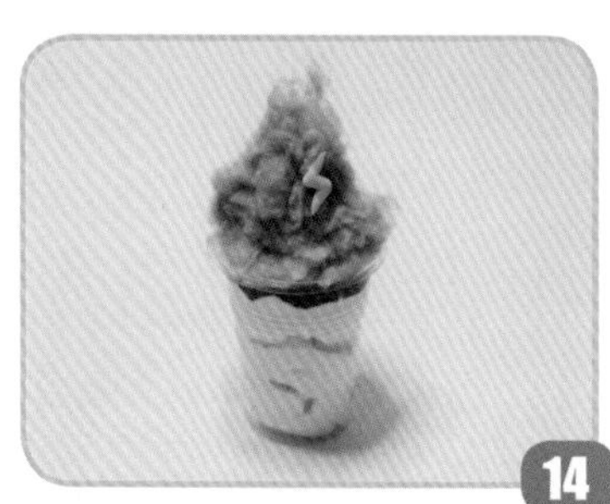
14
把小闪电粘在乌云上面。

15
重复步骤1~6，做成其他口味。

粉色冰激凌的制作

1
取红色色粉染成粉红色棉花。

2
做成草莓味乌云冰激凌。

3
AB滴胶+粉色色精调成粉色。

绿色冰激凌的制作

1
晾晒1~2天，在顶部放上白色黏土。

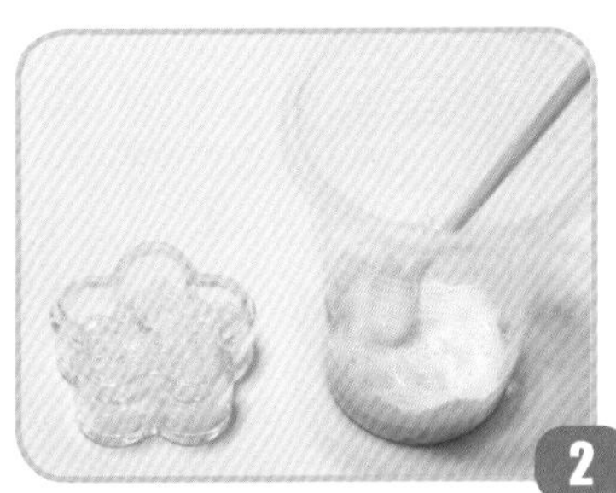
2
在绿色果酱中加入冰粒。

3
铺在白色黏土上。

4
将土黄色黏土搓圆压平。

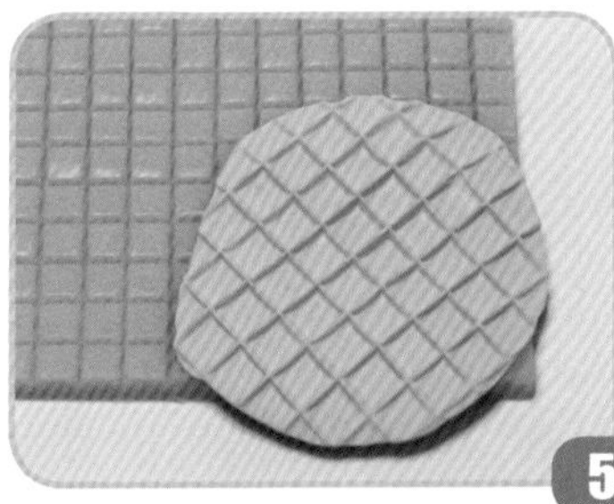
5
按压在方格模具上，做出蛋卷纹路。

6
卷起。

7
用蓝色色粉染出蓝色棉花，将蓝色乌云粘在蛋卷上。

8
顶部效果。

9
不同口味的乌云冰激凌成品完成。

烧仙草
Herbal Jelly
BY：狐渣渣

烧仙草

Herbal Jelly

需要准备的黏土及工具

黏土：深红色、黑色、中黄色、鹅黄色、深绿色软陶
工具：色精（白色、棕色、黄色）、压板、刀片、食玩杯子、UV胶/AB滴胶

辅料的制作

1 取适量深红色和黑色软陶。

2 均匀混合后压成厚饼状，烤干。

3 切成若干立方体放在一旁备用，做烧仙草。

4 取深红色软陶若干，捏制成红豆形状，注意与整体的大小比例。

5 烤干后放置一旁备用。

6 取适量鹅黄色软陶。

7 捏制成花生米形状，注意与整体的大小比例。

8 烤干后放置一旁备用。

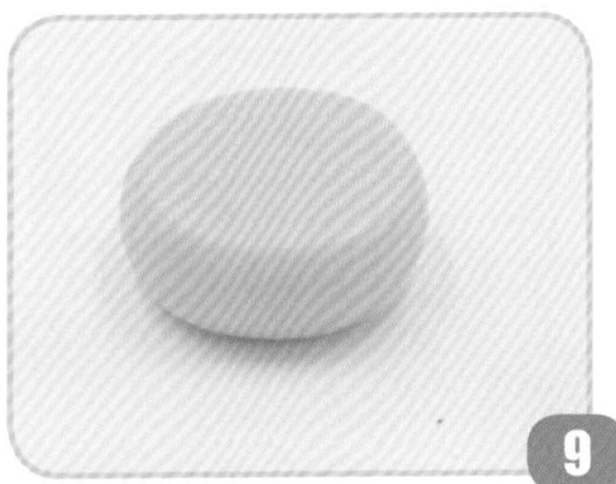
9 取适量中黄色软陶。

10 压成薄饼状，烤干后切成若干小立方体，做芒果粒。

11 整理后放在一旁备用。

奶茶的制作

1 拿出食玩杯子和UV胶/AB滴胶。

2 胶体+色精调制成奶茶颜色。

3 将一部分烧仙草放入杯子内。

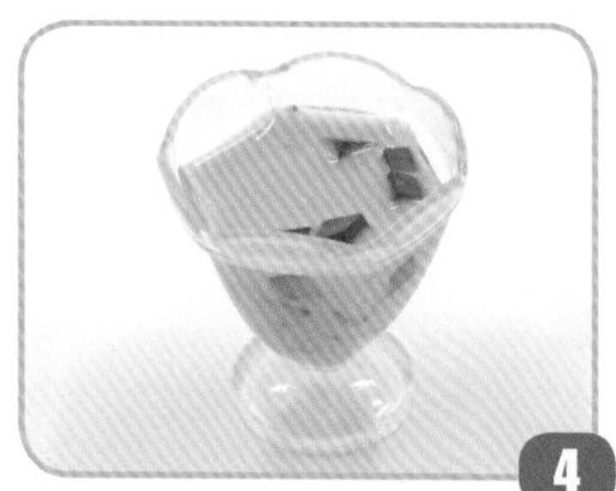

4 淋入奶茶色胶体。

5 放入剩下的烧仙草，注意放置的位置。

6 放入芒果粒。

7

放入花生米、红豆后晾干。

8

取适量深绿色软陶。

9

捏制成两片薄荷叶子的形状，注意与整体的大小比例。

10

放入叶子，也可用胶水固定，制作完成。

大福

Daifuku

BY：张小瑜

大福

Daifuku

需要准备的黏土及工具

黏土：透明白色、白色、粉色、绿色、黄色、棕红色、豆沙色、抹茶色软陶
工具：剪刀、丙烯颜料（黄色、红色、白色）、吸管、牙签、丸棒、爽身粉

草莓大福的制作

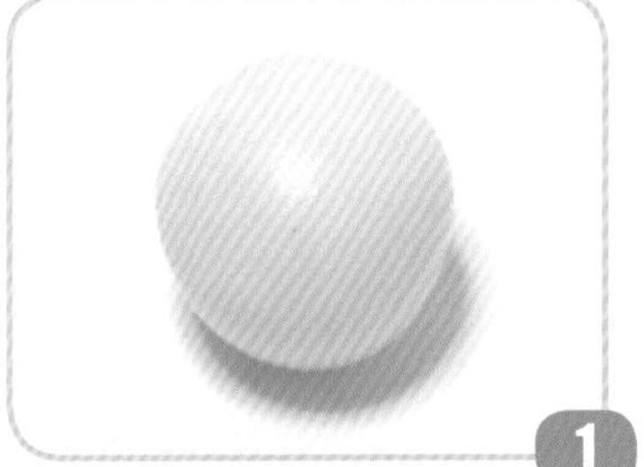

1 将透明白色软陶搓圆。

2 搓成水滴形。

3 调整成草莓的形状。

4 取一小段吸管剪开，卷成扁口状，用胶带固定。

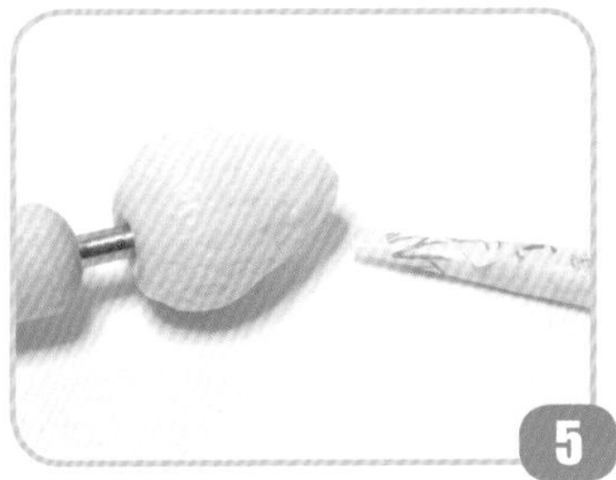

5 将做好的吸管在草莓上压出点点。

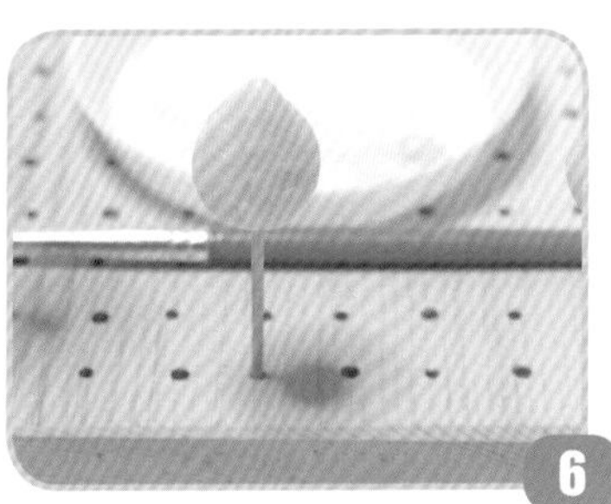

6 在草莓上涂一层薄薄的黄色丙烯颜料打底。

7 再涂上红色丙烯颜料，风干后放置烤箱。

8 将豆沙色软陶擀成薄片。

9 包住草莓。

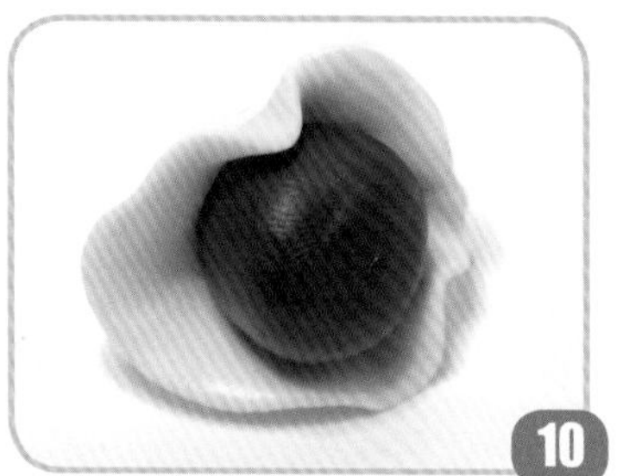
10
再包一层白色软陶。

11
将抹茶色软陶擀成薄片。

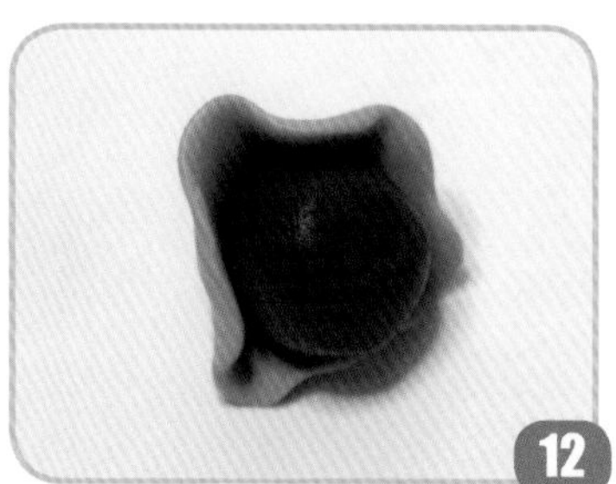
12
在外层包上抹茶色软陶。

13
再制作不同颜色的大福备用。

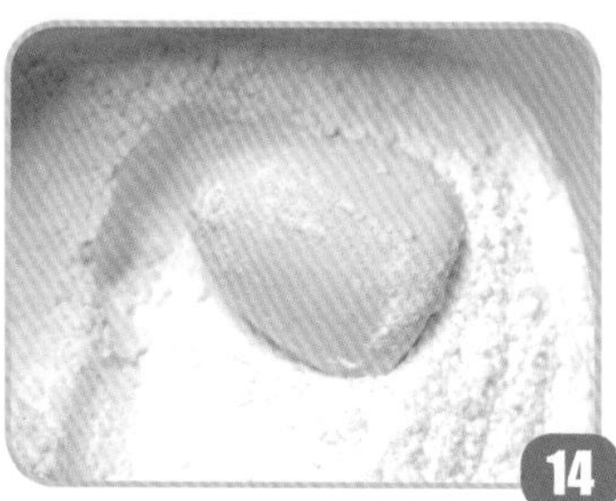
14
用爽身粉均匀包裹大福。

15
包裹完成。

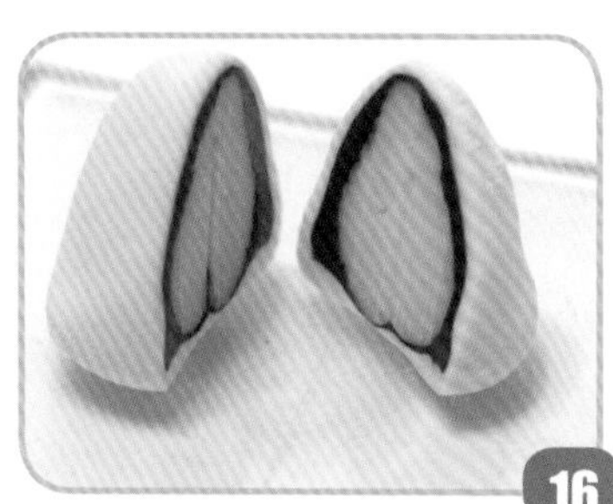
16
切开大福。

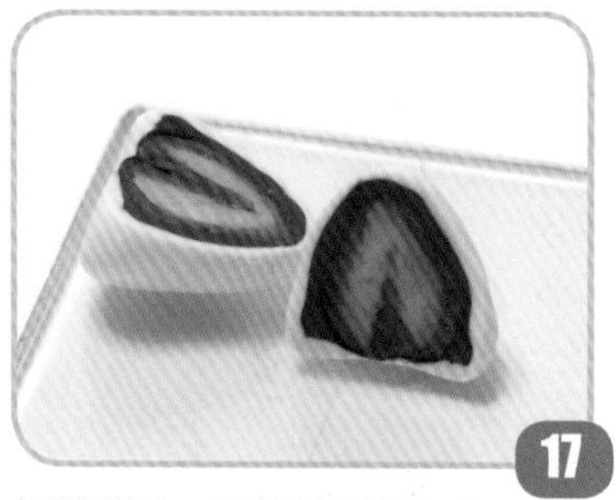
17
如图所示，给草莓部分上色。

18
用白色丙烯颜料画出草莓内部纹路。

盘子的制作

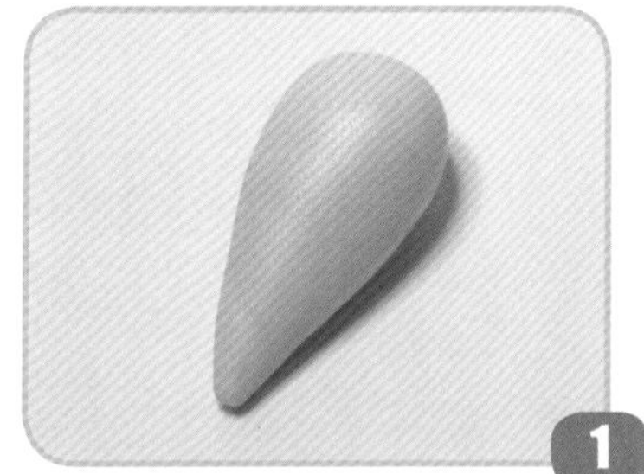

1 将浅粉色软陶搓成水滴形状。

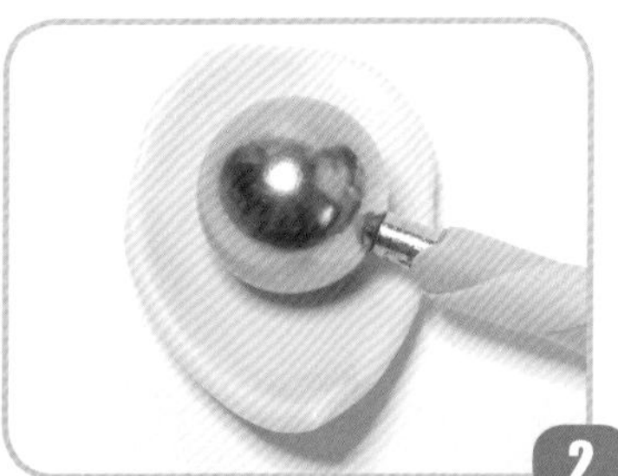

2 用丸棒压出小盘子的形状。

3 剪出花瓣形，做出5瓣。

4 完成后放入烤箱。

5 将做好的大福粘在盘子上。

6 效果如图所示。